乔木与景观

ARBORES AND LANDSCAPE

李尚志　高锡坤　吴彩琼 著

中国林业出版社

图书在版编目（CIP）数据

乔木与景观 / 李尚志,高锡坤,吴彩琼著. -- 北京:中国林业出版社,
2015.6

（植物与景观丛书）

ISBN 978-7-5038-7997-5

Ⅰ. ①乔… Ⅱ. ①李… ②高… ③吴… Ⅲ. ①乔木－景观设计 Ⅳ. ①TU986.2

中国版本图书馆CIP数据核字 (2015) 第108441号

出版发行 中国林业出版社（100009　北京市西城区德内大街刘海胡同7号）
电　　话 (010)83143563
制　　版 北京美光设计制版有限公司
印　　刷 北京卡乐富印刷有限公司
版　　次 2015年7月第1版
印　　次 2015年7月第1次
开　　本 889mm×1194mm　1/20
印　　张 14
字　　数 480千字
定　　价 89.00元

前言 Preface

园林乔木在园林景观建设中的地位非常重要，它不仅绿化城乡，美化环境，增添园林美感；而且在调节气候、净化大气、防风固沙、涵养水源、平衡生态等方面发挥着巨大作用。因而，园林乔木是构成园林风景的主要元素。园林乔木的种类繁多，色彩丰富，形态各异，且随四季变化呈现出丰韵别样的景色。在自然界，园林乔木本身就是艺术品，那变幻的叶、绚丽的花、奇特的果、洒脱的姿等，均具有特殊的魅力；再与园林中的建筑、雕塑、溪瀑、山石等环境相互衬托，则构成一幅幅意趣盎然、引人入胜的园林景致。

本书的编写意图，就是通过不同的造园手法，以形式多样的景观案例，将各种乔木在园林中的应用直观地表现出来，使读者从中有所借鉴。从园林乔木观赏的角度考虑，编者将200多种园林乔木分为赏姿形乔木类（形木类）、赏叶乔木类（叶木类）、赏花乔木类（花木类）、赏果乔木类（果木类）、绿荫乔木类等；当然有些园林乔木观花、观果均佳，故两者只选其一归类。每种乔木，对其形态特征、分布习性、繁殖栽培及园林用途均有介绍，并配有景观图例和配置平面图，增加直观感受，同时还对同属中常见的种类也作了简要介绍，使更多的乔木种类得以应用而丰富园林景观。每类中的树木名称原则上按照中文名的拼音字母顺序排列。书后附有中文名称和拉丁学名索引，便于读者查阅。

在编写过程中，得到了深圳市园林界领导及广州市番禺莲花山风景旅游区领导的大力支持，各地同行好友的帮助，才使得本书按时脱稿付梓，特示以谢意。由于水平有限，书中尚存不少谬误之处，敬请指正。

著　者

2015年5月

目录 Contents

第五章　赏叶类乔木

第六章　赏花类乔木

第七章　赏果类乔木

第八章　绿荫类乔木

第一章 概论

一、园林乔木的定义

园林乔木是指以观赏为主要目的、树身高大的树木。有一个直立主干、且高达6m以上的木本植物称为乔木，如木棉、松树、玉兰、白桦等。

二、乔木在园林中的作用

1. 改善环境和防护作用

改善环境温度：园林乔木的树冠可遮挡阳光而减少辐射热，并降低小气候环境的温度。不同树种具不同的降温能力，这主要取决于园林乔木树冠大小、树叶密度等因素。

提高空气湿度：大面积种植的乔木，对提高小环境范围内的空气湿度，其效果尤为显著。据有关测定数据，一般树林中的空气湿度，要比空旷地高7%～14%。

净化空气：由于树木吸收二氧化碳，放出氧气，而人呼出的二氧化碳，只占树木吸收二氧化碳的1／20，这样大量的二氧化碳被树木吸收，又放出氧气，具有积极恢复并维持生态自然循环和自然净化的能力。

吸收有害气体：园林乔木具有吸收不同有害气体的能力，在净化环境方面发挥着相当大的作用。

滞尘、杀菌、消除噪声：树木可以阻滞空气中的烟尘，起滤尘作用，而且可以分泌杀菌素，杀死空气中的细菌、病毒，还可以减弱噪声。

此外，园林树木在城乡建设中还有防风固沙、美化绿化和防止水土流失、涵养水源等作用。

2. 乔木的美化功能

在园林景观中，乔木占有相当大的比重，而成为重要的布景题材。园林乔木种类繁多，各自的形态、色彩、风韵、芳香、质感等，则随季节变化而五彩纷呈，香韵各异；再与园林建筑、雕塑、溪瀑、山石等相互衬托，加以艺术处理，将展现出一幅幅千姿百态的秀美画卷，令人神往。

形态　园林乔木的外形变化较多，通常构成空间和形成各种氛围时多使用乔木。如运用尖塔形、圆锥形、圆柱形、圆球形、伞形、垂枝形、钟形等树形，可丰富人们的视野，给人以美的感觉。

它们具有或雄伟挺拔、或洒脱飘逸、或优美匀称的外表形态，如刚劲挺拔的水杉，雄伟苍劲的黑松，苍

高大挺拔的园林乔木

树木阻滞空气中的烟尘，起滤尘作用

园林乔木种类繁多，各自的形态、色彩、风韵、芳香、质感等，则随季节变化而五彩纷呈，香韵各异

通过修剪整形，可改变树木的外形，丰富视野，给人以美感

湖畔池岸，种植垂柳，柔条依依，洒脱多姿；随风飘拂，别有风致

翠优美的雪松，洒脱飘逸的垂柳，枝干奇特的辣木，等等。因而，赏姿形类乔木在园林应用上，可作独赏树（孤植）、对植、列植、丛植等。

色彩 园林乔木的花、果、叶、枝、树皮是其色彩的来源，花色和果色有季节性，且持续时间短，只能作为点缀，而不能作为基本的设计要素来考虑。通常树叶的色彩才是主要的，因其面积大，景观效果好；而落叶树的树枝、树干的色彩，到冬季就成了重要因素。

园林乔木之花，可谓五彩缤纷、姹紫嫣红。我国南北气候条件差异大，乔木种类不同，其开花的季节亦有差别。如梅花傲霜寒冬，红棉挺拔早春，紫薇盛开炎夏，丹桂香飘三秋，等等。因此，园林乔木的花色，由于地域环境的变化，其色彩则随气象而互殊，故“四时之景不同，而乐亦无穷也”。

园林乔木的叶，依其不同种类，或随着季节变化，其叶色由浅及深，由淡转浓；或碎红撼枝，娆艳如锦；或叶形有别，异样美观，则迥然不同。如早春之际，叶芽初展，新绿满树；春末夏初，叶色深碧，新绿不复；夏去秋来，叶色随变，渐黄略橙；深秋令节，凉风袭人，为红叶佳期也。此外，一些种类的乔木还具有特殊的叶形，如面包树之叶，宽阔若扇，硕大美观；银杏叶形似扇，入秋变黄，景色宜人等。这些园林乔木的叶色变化或形状特征，真乃大自然之杰作。因而，在园林应用上，将有特点的叶色或叶形，归于“赏叶类乔木”一章。

质感 园林乔木的质感，以视觉属性为依据，是代替视觉经验进行的判断。即树皮的光滑与粗糙、树木的形状、叶面质地，以及根的变化等。

园林乔木的枝条，除生长习性影响树形之外，还有其颜色，如红瑞木、杏树等，在深秋落叶后呈现红色枝条；山桃、桦木等枝条呈古铜色；梧桐、青榨槭等在冬季则呈青翠色彩。园林乔木干皮的形态也有不同的质感，如柠檬桉的干皮光滑、樱花的干皮呈横纹、白皮松和悬铃木的干皮呈片裂、柏树的干皮呈丝裂等；而干皮的色彩亦有变化，如杉木的干皮呈红褐色、黄桦的干皮呈黄色、梧桐呈绿色等。还有些园林乔木具有露根美，如榕树的根系、落羽杉的气生根等。园林乔木的这些质感在园林景观则能产生良好的效果。

三、园林乔木的资源利用及发展前景

现代园林事业的迅速发展，不仅体现在绿化指标的节节攀升，还反映出绿化水平的不断提高。进入21世纪，人们对开发利用园林树木资源以改善环境质量的期望值也越来越高。于是，各地专业人员对当地具发展前景的园林树木资源进行了广泛开发，并获得良好的效益。如彩叶树种在增强园林景观审美情趣中，具有画龙点睛的视觉功能。

目前，绿化变“彩化”，市场需求大。由于目前的绿化建设已从单纯的建绿改为彩化、美化城市，新的景观工程和旧的绿地改造都需要彩色树种。有专家预测，彩叶苗木应占绿化苗木总量的15%～20%，迎合了园林绿化苗木产业的发展趋势。当前，许多苗圃生产的都是小规格的普通品种，彩叶植物比例偏低。按国外城市园林发展的规律，未来对苗木的需求必将转入特色苗木，比如彩叶苗木等。

各级政府对加强城市园林绿化工作均很重视，而发展彩叶树木对于丰富城市树木品种、增添城市彩色景观都大有裨益。未来城市园林绿化的主导方向是多树种、多色彩。彩色树种春有新生的叶片、夏有绚丽的花朵、秋有丰硕的果实、冬有斑斓的彩枝，其在城市园林绿化中越来越受到大众的青睐，其潜力和投资回报是巨大的。

深秋时节，金黄耀眼

发展彩叶树木品种，增添城市色彩景观

香山红叶，层林尽染

常绿树类

落叶树类

四、园林乔木的分类

1. 按生长高度分类

园林乔木通常树体高大（自6m至数十米），具有明显的高大主干。依其高度可分为四级。

伟乔木：31m以上，如香樟等。

大乔木：21～30m之间，如法桐、栾树、五角枫、柳树、国槐等。

中乔木：11～20m之间，如圆柏、樱花、木瓜等。

小乔木：6～10m之间，如金叶木、彩叶木、木芙蓉、山茶等。

同时，依其生长速度而分为速生树（快长树）、中速树、缓生树（慢长树）等3类。

园林乔木按冬季或旱季落叶与否，又分为落叶乔木和常绿乔木。落叶乔木如水杉、鹅掌楸、银杏、悬铃木、木棉等；常绿乔木如柏树、马尾松、樟树、柚木、紫檀等。

2. 按园林用途分类

庭荫树（或绿荫树）　主要以能形成绿荫供游人纳凉、避免日光暴晒和装饰用。通常植于路旁、池边、廊、亭前后或与山石建筑相配，或在景区三五成组地散植各处，布置成有自然之趣的景观；也可在规整且有轴线布局的地方进行规则式配植。如桂花、银杏、榉树、枫香、天竺桂（浙江樟）、檫树、枫杨、朴树、栾树等。

行道树　为了美化、遮阴和防护等目的，在道路两旁栽植的树木。在行道树的应用上，目前我国有“一块板”、“两块板”、“三块板”和“花园林荫道”等形式，大都在道路的两侧以整齐的行列式进行种植。如香樟、梧桐、合欢、悬铃木、杜英、银杏、杨树等。

庭荫树类

行道树类

独赏树　（或孤植树、赏形树、独植树）主要表现树木的形体美，可独立成为景物供观赏用。适宜作独赏树的树种，一般需要高大雄伟，树形优美，具有特色，且寿命较长的常绿树或落叶树。如罗汉松、雪松、金钱松、枫香、香樟、广玉兰、桂花、银杏、杜英、栾树、枫杨、木棉等。

风景林　（群丛与片林）这是城市园林绿地中，经常应用的配植形式，尤其在大面积的风景区中占有较大比重。由于群丛及片林的组成成分不同，以及在园林中所担负的作用有别，故在具体栽培管理上也有不同之处。如樱花、乐昌含笑、扁柏、黑松、枫香、柳杉、花柏、香樟、木莲、银杏、鹅掌楸等。

地栽及盆栽的桩景树　盆景可分山水盆景和树桩盆景两大类。树桩盆景主要是仿效自然界的古树奇姿，经艺术加工而成。选作树桩盆景的要求是生长缓慢、枝叶细小、耐干旱贫瘠、易成活且寿命长的树种。如福建茶、榆、罗汉松等。

3. 按观赏特性分类

赏姿形乔木类（形木类），如雪松、金钱松、日本金松、南洋松、银杏等。

赏叶乔木类（叶木类），如枫香、红枫、乌柏、黄栌等。

群丛类

赏花乔木类（花木类），如樱花、乐昌含笑、木莲、木棉、凤凰木等。

赏果乔木类（果木类），如五桠果、杧果、杨梅、枇杷等。

赏枝干乔木类（干枝类），如白皮松、金枝槐等。

赏根乔木类（根木类），如橡胶榕、小叶榕、落羽杉等。

独赏树类

桩景树

生长在水边的落羽杉、水松等乔木，其根部周围长出气生根，尤为壮观

2 第二章

园林乔木的栽植与管理

一、园林乔木的栽植原则

园林乔木栽植的原则，就是要遵循其生长发育的规律，提供相应的栽植条件和管护措施，促进根系的再生和生理代谢功能的恢复，协调树体地上部和地下部的生长发育矛盾，表现出根旺树壮、枝繁叶茂、花果丰硕的茁壮生机，达到园林绿化设计所要求的生态指标和景观效果。具体栽植有以下3条原则。

1.适树适栽

我国地域辽阔，物种丰富，可供园林绿化选用的树种繁多。近年来，随着我国经济建设的持续高速发展，人们对环境生态的关注日益加强，园林绿化的要求和标准也不断提高；南树北移和北树南引日渐普遍，国外的新优园林树木也越来越受到国人的青睐。因此，适树适栽的原则，在园林乔木的栽植应用中也愈显重要。

首先，应了解规划设计的乔木的生态习性，它要具有对栽植地区生态环境的适应能力，并且要有相关成功的驯化引种试验和成熟的栽培养护技术，方能保证栽植后的效果。尤其是观花乔木新品种的选择应用，要比观叶、观形的园林乔木更加慎重。此类树种的适应性表现除了树体成活以外，还有花果观赏性状的完美表达。因此，贯彻适树适栽原则的最简便做法，就是选用性状优良的乡土树种，作为景观树种中的基调骨干树种，特别是在生态林的规划设计中，更应实行以乡土树种为主的原则，以求营造生态群落效应。

其次，可充分利用栽植地的局部特殊小气候条件，突破原有生态环境条件的局限性，满足新引入树种的生长发育要求。例如，可筑山、理水，设立外围屏障；改土施肥、变更土壤质地；束草防寒、增强越冬能力。在城市园林乔木栽植中，更可利用建筑物防风御寒，小庭院围合聚温，以减少冬季低温的侵害，延伸南树北移的疆界。

还有，地下水位的控制在适地适树的栽植原则中具有重要的地位。地下水位过高是影响园林乔木栽植成活率的主要因素。现有园林乔木种类中，耐湿的树种极为匮乏，一般园林乔木的栽植，对立地条件的要求为：土质疏松、通气透水，比如雪松、白玉兰、广玉兰、桃花、樱花等对根际积水极为敏感，栽植时，可采用地形改造、抬高地面或深沟降渍的措施，并做好防涝排洪的基础工作，有利树体成活和正常生长发育。

适树适栽中要注意慎重掌握各树种对光照的适应性。园林乔木栽植不同于一般绿化造林，多以乔木、灌木、地被等相结合的群落生态种植模式来表现景观效果。因此，多树种群体配植时，对乔木种类耐阴性和喜光灌木合理配植，就显得更为重要。

2.适时适栽

园林乔木的适宜栽植时间，应根据各种乔木的不同生长特性和栽植地区的气候条件而定。一般落叶树种多在秋季落叶后或在春季萌芽开始前进行，此期树体处于休眠状态，生理代谢活动滞缓，水分蒸腾较少，且体内贮藏营养丰富，受伤根系易于恢复，移植成活率高。常绿树种栽植，在南方冬暖地区多行秋植，或于新梢停止生长期进行；冬季严寒地区，易因秋季干旱造成“抽条”，而不能顺利越冬，故以新梢萌发前春植为宜；春旱严重地区可行雨季栽植。如今，人们对生态环境建设的要求愈加迫切，园林乔木的栽植也突破了时间的限制，“反季节”、“全天候”栽植已不再少见，关键在于如何遵循树木栽植的原则，采取妥善、恰当的保护措施，以消除不利因素的影响，提高栽植成活率。

从植物生理活动规律来讲，春季是树体结束休眠、开始生长的发育时期，且多数地区土壤水分较充足，是我国大部分地区的主要植树季节。我国的植树节定为“3月12日”即缘于此。树木根系的生理复苏，在早春即率先开始活动，因此春植符合树木先长根、后发枝叶的物候顺序，有利水分代谢的平衡。尤其是在冬季严寒地区或对那些在当地不甚耐寒的边缘树种，更以春植为妥，并可免去越冬防寒之劳。秋旱风大的地区，常绿树种也宜春植，但在时间上可稍推迟。具肉质根的树种，如木兰属、鹅掌楸等，根系易遭低温伤冻，也以春植为好。春季各项工作繁忙，劳动力紧张，要预先根据树种春季萌芽习性和不同栽植地域土壤化冻时期，利用冬闲做好计划安排。树种萌芽习性，在北方以落叶松、银芽柳等最早，杨柳、桃树、梅树等次之，榆树、栎树、枣树等最迟。土壤化冻时期与气候因素、立地条件和土壤质地有关。落叶乔木春植宜早，土壤一化冻即可开始。华北地区园林乔木的春季栽植，多在3月上中旬至4月中下旬。华东地区落叶树种的春季栽植，以2月中旬至3月下旬为佳。

秋季移植在气候比较温暖的南方更较相宜。此期树体落叶后，对水分的需求量减少，而外界的气温还未显著下降，地温也比较高，乔木的地下部分尚未完全休眠，移植时被切断的根系能够尽早愈合，并可有新根长出。翌春，这批新根即能迅速生长，有效增进水分吸收功能，有利于树体地上部分的生长恢复。

在华北地区秋植，适于耐寒、耐旱的树种，目前多用大规格苗木进行栽植，以增强树体越冬能力。而华东地区秋植，可延至11月上旬至12月中下旬。早春开花的树种，应在11～12月种植。常绿阔叶树和竹类植物，应提早至9～10月进行。针叶树虽春、秋都可栽植，但以秋季为好。东北和西北北部严寒地区，秋植宜在树木落叶后至土地封冻前进行。

在受印度洋干湿季风影响，有明显旱、雨季之分的西南地区，以雨季栽植为好。如果雨季处在高温月份，由于阴晴相间，短期高温、强光也易使新植树木水分代谢失调，故要掌握当地雨季的降雨规律和当年降雨情况，抓住连绵阴雨的有利时期进行；而江南和华南地区，亦有利用“梅雨”期进行夏季栽植的经验。

3.适法适栽

园林乔木的栽植方法，依据树种的生长特性、树体的生长发育状态、树木栽植时期，以及栽植地点的环境条件等，可分别采用裸根栽植和带土球栽植。

裸根栽植　多用于常绿树小苗及大多落叶乔木。裸根栽植的关键在于保护好根系的完整性，骨干根不可太长，尽量要多带侧根、须根。从挖苗到栽植期间，务必保持根部湿润，防止根系失水干枯。根系打浆可提高20%的移栽成活率。其浆水配比：过磷酸钙1kg+细黄土7.5kg+水40kg，使用时要先搅成浆糊状。还有在运输中，可采用湿草覆盖的措施，以防根系风干。

带土球移植　常绿树种及某些裸根栽植难以成活的树种如玉兰、板栗等，多采用带土球移植；大树栽植和生长季栽植，亦要求带土球进行，以提高成活率。

如果运距较近，可简化土球的包装手续，只要土球标准大小适度，在搬运过程中不致散裂即可。如直径在30cm以下的小土球，可采用黑色遮阳网包扎，栽植时拆除即可。如土球较大，使用蒲包包装时，只需稀疏捆扎蒲包，栽植时剪断草绳撤出蒲包物料，以使土壤接触，便于新根萌发、吸收水分和营养。若用草绳密缚，土球落穴后，需剪断绳缚，以利根系恢复生长。

二、园林乔木的大树移栽技术

1.大树的选择

要选择树形圆整，枝叶茂盛，生长健壮，无病虫害；树干上有新芽、新梢，有新生枝条的。因这种大乔木的再生能力强，容易起挖，且以浅根性、实生、乡土树木为佳。

2.移植季节

一般来说，大树移植在春、秋、冬季均可，从移植大树的成活率来看，早春是移植大树的最佳时间。此时的树液开始流动，嫩梢开始发芽、生长，蒸腾作用弱，气温相对较低，土壤湿度大，有利于损伤的根系愈合和再生；移植后，发根早，成活率高，且经过早春到晚秋的正常生长后，树木移植时受伤的部分已复原，给树木顺利越冬创造条件。同时，还要注意选择最适宜的天气，即阴而无雨，晴而无风的天气进行移植。

3.移植方法

修剪与捆扎　注意修剪是大乔木移植成活的重要因素。为了调节大树移植时枝梢消耗水分、养分与根系吸收水分、养分之间的平衡，通常在大树挖掘前，一定要进行树冠修剪。一般以疏枝为主，短截为辅。修剪强度应根据大树种类、移植季节、挖掘方式、运输条件、种植地条件等因素决定。修剪时，剪口应剪平，并涂保护剂进行保护。对于影响挖树运输等操作的一些枝条或树冠，要在修剪后、起挖前进行捆扎，捆扎时应由上至下，由内至外，依次向内收紧，大枝扎缚处要垫橡皮等软物，不可损伤树木。其捆扎松紧程度，以既不折断树枝又不影响操作为宜。

挖掘　当树木选好后，应根据树木的胸径和树种的不同，以及当地的土壤条件确定土球的大小和高度。一般来说，土球直径为树木胸径的7～10倍；土球的高度不超过土球的直径。修整土球要用锋利的铁锹，若遇到粗根，可用锯或剪将根切断，切忌用铁锹硬砸，以防土球松散。当土球修整到1/2深度时，可逐步向里收底，直到缩小到土球直径的1/3为止，然后将土球表面修整平滑，下部修一小平底为宜。

包装　土球修成圆形之后，立即用预先湿润的草包将土球围住，再用黑色遮阳网将土球包裹住，随之用塑料包扎绳捆紧。其方法是：用双股塑料包扎绳的一头系在树干基部，然后从土球上部往下绕过土球底部，从土球的对面再绕上去，反复缠绕，直至将整个土球包住。

吊装、运输　在大树吊装、运输中，关键是保护土球，不使其破碎、散开。吊装前应事先准备好多股塑料包扎绳和木板等。吊装时，先将双股麻绳的一头留出长

1m以上打结固定，再将双股塑料包扎绳分开，捆在土球由上至下的3/5位置上，将其捆紧，然后将多股塑料包扎绳的两头扣在吊钩上。在绳与土球接触的地方用木板垫起，以免塑料包扎绳勒入土球。将树木轻轻吊起之后，再将脖绳套在树干基部，另一头也扣在吊钩上，即可起吊、装车。装车时，为放稳土球，土球向前、树冠向后放在车辆上，并用木块将土球的底部卡紧，使土球不会滚动。根部盖草包等物进行保护，树身与车板接触之处，必须垫软物，并用绳索紧紧固定，以防擦伤树皮，碰坏树枝。树冠不要与地面接触，可用黑色遮阳网盖好，以免运输途中树冠、树枝受损伤。

栽植　采用堆土种植法，即在圃地定植点事先挖栽植穴，穴的直径比土球直径大30～40cm，深度为30～40cm，在挖好的栽植穴底部先施基肥，并用土堆成10cm左右高的小土堆。大树入穴时，使土球立在小土堆上，树木定位后，拆除塑料包扎绳等包装材料，然后均匀填入细红壤或黄红壤土，分层夯实，填土至2/3时浇水，如发现空洞，及时填入捣实，待水渗下后，再加土，然后堆土成丘状。这种堆土种植的大树根系透气性好，有利于伤口愈合和萌芽生根，更方便于今后大树出圃。栽好后立支架支稳。

若遇到较易积水的低洼地势，大树入穴后，会因浸水而死亡。故用直径8～10cm的PVC塑料管，在管上打孔插入穴中，有助于穴内透气，有利根系的生长。

挖好树球后，用黑色遮阳网包裹，再进行捆扎

捆扎好的树球，装上吊车运往栽植地

4.养护管理

“三分种植，七分养护”，大乔木移植后日常养护管理很重要。其中大树移植后的第一年管理尤为重要，主要工作是浇水、排水、树干包扎、搭棚遮阳、剥芽、病虫害防治等。

浇水　在容易干旱的北方，大树移栽后，要在坑的外围开一圆堰，堰埂高20～25cm，立即浇透水1次，隔2～3天后第2次浇水，水量要足，再隔5天后第3次浇水，以后根据天气和树木生长情况采取相应的保墒措施。天气多日不雨，土壤干旱，需及时做堰浇足水，一般每隔5～8天浇水1次，直到大树成活为止。大树成活后，如果气候环境干燥，可用喷雾的方法对叶面、树干及周围环境喷水，以增加环境湿度。

排水　若遇久雨或暴雨天气造成圃地积水或出现叶色黄、落叶等根部水分过多现象时，则应及时做好开沟排水防涝工作，以免土壤积水引起根系腐烂，导致移植失败。

树干包扎　为防止水分蒸腾过大，可用草绳将树干全部包扎起来，每天早晚各喷水1次，喷水时只要树冠上叶片和草绳湿润即可，喷水时间不宜过长，以免水分过多流入土壤，造成土壤过湿而影响根系的呼吸。在南方地区，有些大树修剪后留下创伤面，若碰到多雨天容易发生腐烂。因而，修剪后迅速涂刷75%的酒精或1%～3%的高锰酸钾液，然后涂抹保护剂（常用的保护剂是0.5kg动物油放入锅中加温火，再放入2.5kg松香和1.5kg黄蜡，不断搅拌到融化，然后冷却即成），再采用塑料薄膜包裹，随即用塑料包扎绳捆绑紧。

剥芽　当大树移植后，对萌芽能力较强的树木，应

剥芽时用塑料薄膜包扎创伤面

定期、分次进行剥芽和除萌，切忌一次完成，以减少养分消耗，保证树冠在短期内快速形成。

多留些芽，及时除去基部及中下部的萌芽，控制新梢在顶端30cm范围内发展成树冠。应根据树木生长势留芽，及以后树冠形态的要求控制新梢数量及位置搭配，尽可能多留高位的健壮芽，使培育的树冠对称、完美。常绿树种需除并生枝、丛生枝、病虫枝及内膛过弱的枝外，一般当年不必剥芽，到第二年修剪时进行。

施肥　在大树刚萌芽及新梢长10cm左右，秋季长梢时各施追肥一次，以氮肥为主，每株每次100～150g，配成水溶液浇灌或5%～10%的尿素或磷酸二氢钾进行根外追肥，促进新梢生长。在秋梢停止生长后，则施以磷、钾为主的追肥一次，促进新梢木质化。

病虫害防治　一般每年4～10月是各种病虫害的多发时期，应根据病虫害种类和程度，及时进行药剂防治。

虽然大树移栽比较复杂，技术要求较高，但只要重视大树移植的技术措施，按照大树移植技术规程操作并做好栽后的科学养护管理工作，就能大大提高大树的成活率。

三、园林乔木的修剪与整形

1.行道树的修剪与整形

行道树是指在道路两旁整齐列植的园林乔木，每条道路上树种相同。城市中，干道栽植的行道树，主要的作用是美化市容，改善城区的小气候，夏季增湿降温、滞尘和遮阴。行道树要求枝条伸展，树冠开阔，枝叶浓密。冠形依栽植地点的架空线路及交通状况决定。主干道上及一般干道上，采用规则形树冠，修剪整形成杯状形、开心形等立体几何形状。在无机动车辆通行的道路或狭窄的巷道内，可采用自然式树冠。

行道树一般使用树体高大的乔木树种，主干高要求在2～2.5m。城郊公路及街道、巷道的行道树，主干高可达4～6m或更高。定植后的行道树要每年修剪扩大树冠，调整枝条的伸出方向，增加遮阴效果，同时也应考虑到建筑物的使用与采光。

杯状形行道树的修剪与整形　杯状形行道树具有典型的三叉六股十二枝的冠形，萌发后选3～5个方向不同、分布均匀与主干成45°夹角的枝条作主枝，其余分期剥芽或疏枝，冬季对主枝留80～100cm短截，剪口芽留在侧面，并处于同一平面上，次年夏季再剥芽疏枝。幼年悬铃木顶端优势较强，在主枝呈斜上生长时，其侧芽和背下芽易抽生直立向上生长的枝条，为抑制剪口处侧芽或下芽转上直立生长，抹芽时可暂时保留直立主枝，促使剪口芽侧向斜上生长；第三年冬季于主枝两侧发生的侧枝中，选1～2个作为延长枝，并在80～100cm处再短剪，剪口芽仍留在枝条侧面，疏除原暂时保留的直立枝、交叉枝等，如此反复修剪，经3～5年后即可形成杯状形树冠。

骨架构成后，树冠扩大很快，疏去密生枝、直立枝，促发侧生枝，内膛枝可适当保留，增加遮阴效果。上方有架空线路时，勿使枝与线路触及，按规定保持一定距离，一般电话线为0.5m，高压线为1m以上。近建筑物一侧的行道树，为防止枝条扫瓦、堵门、堵窗，影响室内采光和安全，应随时对过长枝条行短截修剪。

开心形行道树的修剪与整形　多用于无中央主轴或顶芽能自剪的树种，树冠自然展开。定植时，将主干留3m或者截干，春季发芽后，选留3～5个位于不同方向、分布均匀的侧枝进行短剪，促进枝条生长成主枝，其余全部抹去。生长季注意将主枝上的芽抹去，保留3～5个方向合适、分布均匀的侧枝。来年萌发后选留侧枝，全部共留6～10个，使其向四方斜生，并进行短截，促发次级侧枝，使冠形丰满、匀称。

自然式冠形行道树的修剪与整形　在不妨碍交通和其他公用设施的情况下，树木有任意生长的条件时，行道树多采用自然式冠形，如塔形、卵圆形、扁圆形等。

有中央领导枝的行道树，如雪松、枫杨、水杉、金钱松等，分枝点的高度按树种特性及树木规格而定，栽培中要保护顶芽向上生长。郊区多用高大树木，分枝点在4～6m以上。主干顶端如受损伤，应选择一直立向上生长的枝条或在壮芽处短剪，并把其下部的侧芽抹去，由直立枝条代替，避免形成多头现象。

阔叶类树种不耐重抹头或重截，应以冬季疏剪为主。修剪时应保持冠与树干的适当比例，一般树冠高占3/5，树干(分枝点以下)高占2/5。在快车道旁的分枝点高至少应在2.8m以上。注意最下的三大枝上下位置要错开，方向匀称，角度适宜。要及时剪掉三大主枝上最基部贴近树干的侧枝，并选留好三大主枝，以上层枝留得长，萌生后形成圆锥状树冠。成形后，仅对枯病枝、过密枝疏剪，一般修剪量不大。

无中央领导枝的行道树。选用主干性不强的树种，如旱柳、榆树等，分枝点高度一般为2～3m，留5～6个主枝，各层主枝间距短，使自然长成卵圆形或扁圆形的树冠。每年修剪主要对象是密生枝、枯死枝、病虫枝和伤残枝等。

行道树定干时，同一条干道上分枝点高度应一致，使整齐划一，不可高低错落，影响美观与管理。

2.片林的修剪与整形

有主干的树种组成片林，修剪时注意保留顶梢。当出现竞争枝(双头现象)时只选留1个；如果领导枝枯死折断，应扶立一侧枝代替主干延长生长，培养成新的中央领导枝。

适时修剪主干下部侧生枝，逐步提高分枝点。分枝点的高度应根据不同树种、树龄而定。

对于一些主干很短，但树已长大，不能再培养成独干的树木，也可以把分生的主枝当作主干培养，逐年提高分枝，呈多干式。应保留林下的灌木、地被和野生花草，增加野趣和幽深感。

四、园林乔木的管理

1.土壤管理

土壤酸碱性　适应酸性土壤的园林乔木有：马尾松、湿地松、池杉、水杉、酸枣、冬青、杜英、木芙蓉、山茶、茶梅等。

适应碱性土壤的园林乔木有：榆树、朴树、构树、梅、栾树、紫薇、石榴、泡桐等。

土壤质地　适应沙壤的园林乔木有：银杏、黑松、柳杉、罗汉松、银桦、广玉兰、蜡梅、樱桃、刺槐、国槐、柚子、广柑、桂花等。

土壤的肥力　土壤肥力是土壤为树木生长提供和协调营养条件及环境条件的能力，是土壤各种基本性质的综合表现，是土壤区别于成土母质和其他自然体的最本质的特征，也是土壤作为自然资源和农业生产资料的物质基础。土壤肥力按成因可分为自然肥力和人为肥力。

土壤管理的主要措施　松土可疏松表土，切断表层与底层土壤的毛细管联系，以减少土壤水分的蒸发；改善土壤的通气性，加速有机质的分解和转化，提高土壤的综合营养水平；有利于树木的生长。

除草可排除杂草和灌木对水、肥、气、热、光的竞争；避免杂草、灌木、藤蔓对树木的危害。

松土除草的次数，散生与列植幼树：每年2～3次。盛夏来临前1次；立秋后1～2次。大树：每年盛夏到来之前进行一次。注意割除树身上的藤蔓。松土除草范围在树盘以内，逐年扩大；原则是靠近干基浅，远离干基深。松土深度视根系的深浅而定，通常限制在6～10cm的深度内。

地面覆盖与地被植物可防止或减少水分蒸发，减少地表径流；增加土壤有机质，调节土壤温度；减少杂草生长；为树木生长创造良好的环境条件。覆盖材料可以“就地取材，经济适用”的原则，如用草、豆秸、树叶、树皮、锯屑、泥炭等覆盖树盘。覆盖的厚度以3～6cm(鲜草约5～6cm)为宜；覆盖时间通常在生长季节土温较高且较干旱时；可用地被植物，也可用木本植物或草本植物作覆盖材料。

土壤改良可改善通透性、保水保肥；扩大根系吸收范围；促进侧、须根的发育。深翻并施适量有机肥。

局部深挖可分为环状深挖和辐射状深挖。全面深挖适于片植。深挖的时间从树木开始落叶(秋末)到翌年萌动前(初春)。以秋末落叶前后为最好。深挖的深度一般为60～100cm，最好距根系主要分布层稍深、稍远一些。环状深挖与辐射深挖可深一些，全面深挖应浅些，而且要掌握离干基越近越浅的原则。有条件可4～5年深挖一次。应结合施肥(主要是有机肥)进行。

土壤加入有机质改良土壤。最好的有机质有粗泥炭、半分解状态的堆肥和腐熟的厩肥。

以沙压黏，或以黏压沙。用粗沙，加沙量须达到原有土壤体积的1/3。不用建筑细沙。也可加入陶粒、粉碎的火山岩、珍珠岩和硅藻土等。

土壤pH值的调节。pH值过低，用石灰改良；pH值过高，用硫酸亚铁、硫磺和石膏改良。大多数树木适于酸性或微酸性土壤。确定施用量的依据和方法：依土壤的缓冲作用、原pH值高低、调节幅度与土量多少而定。

盐碱土的改良。灌水洗盐；深挖、增施有机肥，改良土壤理化性质；减少蒸发，防止返碱；树盘覆盖，减少地表蒸发，防止盐碱上升。

2. 园林树木的施肥

园林树木施肥的特点　肥料的种类、用量、施肥比例与方法差别大；施肥量、次数不能太多，方法灵活多样；以有机肥和迟效性肥料为主；不能用有恶臭、污染环境的肥料，并应适当深施、及时覆盖。

施肥时期　基肥以有机肥为主，秋施和春施。以秋施最好，春施易造成春梢旺长。前期追肥，以氮为主（生长高峰前追肥、开花前追肥及花芽分化期追肥）；后期追肥，时间不能太晚，促进木质化，安全越冬(9月底前完全停止施氮肥)。树木缺素时，什么时候缺就什么时候追。一般初栽2～3年内的花木、庭荫树、行道树及风景树等，每年在生长期追肥1～2次。早施基肥，巧施追肥。

施肥方法　施肥的位置在吸收根水平分布密集的区域内。施肥的垂直深度40～60cm。不要靠近树干基部；不要太浅，避免简单的地面撒施；不要太深，一般不超过60cm。

地表撒施适用于裸露土壤上的小树，必须同时松土或浇水。缺点：氮、钾不易移动而保留在施用的地方，诱使根系向地表伸展，而降低树木的抗风性。特别注意：不要在离树干30cm以内干施化肥，否则会造成根颈和干基的损伤。

沟状施肥可沿树冠滴水线挖宽60cm、深达密集根层附近的沟，施肥沟内。局部环沟施：将树冠滴水线分成4～8等分，间隔开沟施肥。 辐射沟施：在根系水平密集分布区，等距离间隔挖4～8条宽60cm、深达根系密集层的辐射沟，施肥盖土。

打孔施肥。在施肥区每隔60～80cm打一个30～60cm深的孔，将肥料均匀施入各个孔中，约达孔深的2/3，然后堵塞孔洞、踩紧。或按树木每厘米胸径打孔4～8个。

采用营养液注射法

用石硫合剂涂白，以减少因日夜温差对植株造成伤害

最安全施肥用量为每厘米胸径350~700g完全肥料。胸径小于15cm则减半。

根外施肥是通过对树木叶片、枝条和树干等地上器官进行喷、涂或注射，使营养直接渗入树体的方法。主要途径有叶面施肥和树木注射。

叶面施肥一般喷后15分钟到2小时即可被叶片吸收；单一化肥的喷洒浓度可为0.3%～0.5%，尿素甚至可达2%；喷洒量则以营养液开始从叶片大量滴下为准；而喷洒时间最好是10:00以前和16:00以后。

树木注射方法是将营养液盛在容器中，系在树上，将针管插入木质部(或髓心)，缓慢滴注。已用于治疗特殊缺素病或不容易进行土壤施肥的林荫道、人行道和根区有其他障碍的地方。例如，用此法将铁盐注入树干治疗缺铁性褪绿病。其缺点：若钻孔消毒、堵塞不严，容易引起心腐和蛀干害虫的侵入。

3. 园林树木的灌排水管理

灌排水的时间和量因树种，物候期，树龄，气候条件如年降水量、降水强度、降水频度与分布，土壤条件如质地与结构(保水能力)、地下水位、盐碱含量、地势（保水与排水性能）等不同而有差异。

形态上已显露出缺水症状(如叶片下垂、萎蔫、果实皱缩等)，以及依据土壤含水量要及时灌水。

我国北方秋末冬初灌封冻水，提高树木越冬安全性；早春灌水，利于新梢和叶片生长、利于开花坐果。生长期灌水分为花前灌水、花后灌水及花芽分化期灌水。

灌水方法有盘灌(围堰灌水)、穴灌、沟灌（侧方灌溉）、漫灌、喷灌、滴灌、地下灌溉（或鼠道灌溉）。灌溉宜在早晨或傍晚（夏季高温情况）。水质无害无毒。

排水的主要方法有明沟排水，在树旁纵横开浅沟排水。若成片栽植，则应全面安排排水系统。暗道排水在地下铺设暗管或用砖石砌沟，排除积水。

五、自然灾害预防

1.台风的预防

对新种一、两年的中、小乔木或其他较高树木，应在种植完毕后或台风季节来临前用水泥桩、木桩等加固，但要注意不要用铁丝直接捆绑树干，以免造成损伤；对一些比较招风的乔木或浅根系乔木的过密枝叶应适当疏剪，减少受风面积；对一些比较靠近房屋，对房屋有一定潜在威胁的树枝进行适当修剪。

2.防寒

加强栽培管理，增加植株抗寒能力。在树木生长季节，适当增施有机肥，合理修剪，促进植株健壮生长，并在临入冬前减少氮肥的使用，适当施用磷钾肥，可增强抗寒能力。

在寒冷地区，冬季土壤冻层较深，植物根系有受冻危险。可在土壤封冻前灌透水一次，使土壤中有较多的水分，土温波动较小，冬季的土温就不至于下降到过低，早春也不至于上升很快。另外，在早春土壤刚解冻时再灌一次水能降低土壤的温度，避免土壤温度上升过快，可延迟花芽萌动和开花，以免受到倒春寒的危害。

堆土护根。在温度低的年份，在入冬前可在根颈部堆一个高约40cm的土堆，可对根部起到保暖的作用。

包扎。对于一些不耐寒的乔灌木，可在入冬前用草绳或麻布等透气性材料，将乔木的主干由下向上包扎约1.5m高，灌木可在适当修剪后整株包扎，仅露出顶部小部分。

涂白。将乔木主干下部用石灰水加适量盐或用石硫合剂涂白，既可以杀死树干内的越冬害虫，又可以反射阳光，减少由于日夜温差对植株造成的冻害。

堆雪、打雪。下大雪后，应及时将压在树冠上的积雪打下，以防积雪压断枝条。另外，可用雪将植株根部盖住，防止根部受冻害。

3.水涝预防

种植植物时，做好场地平整工作，保证种植区域有适当的坡度和排水方向，大面积的草地下应有适当的疏水设备，并避免绿地中间出现积水凹坑。

砌筑好园林排水设施，并经常检查园林排水管道有无堵塞现象，有堵塞的应及时疏通。

注意雨季的天气预报，每次大雨后及时派人巡查，对积水地方及时进行人工排涝。

第三章 园林乔木配置与应用

一、构成各种园林空间

园林乔木种类繁多，每一种都有特定的外貌形态。因而，可充分利用其不同形态，组合出丰富多彩的园林空间。何谓园林空间？指由底平面、垂直面及顶平面单独或共同组合成的、具有暗示性的范围组合。由园林乔木组成的空间和其他园林要素组成的空间相比，则具有生动、柔和的特点。

1. 封闭空间

四周植物浓密的叶丛，遮挡了各个方向的视线，具有空间的闭合感。

2. 覆盖空间

利用具有浓密树冠的遮阴树构成顶部覆盖而四周开敞的空间。一般来说，该空间为夹在树冠和地面之间的宽敞空间，人们能穿行或站立于树干之中，利用覆盖空间的高度，能形成垂直尺度的强烈感觉。

3. 开敞空间

仅用低矮灌木及地被植物作为空间的限制因素。这种空间四周开敞、外向、无隐秘性，并完全暴露于天空和阳光之下。

4. 半开敞空间

一面或多面部分受到较高乔木的封闭，限制了视线的穿透。如草坪边缘的群落。

5. 垂直空间

运用高大乔木组合成方向直立、朝天开敞的室外空间，这种空间给人以庄严、肃穆、紧张的感觉。

二、园林乔木配置方式

1. 孤植

主要表现园林乔木的形体美，可独立成为景物焦点供观赏用。适宜作独赏树的乔木，一般需高大雄伟，树形优美，且寿命较长，或具有美丽的花、果、树皮或叶色的种类。

2. 对植

在构图轴线两侧所栽植的、互相呼应的园林乔木。

覆盖空间

开敞空间

开敞空间

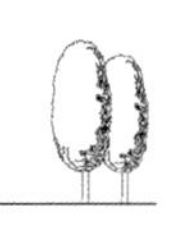

两株树木配置示意图

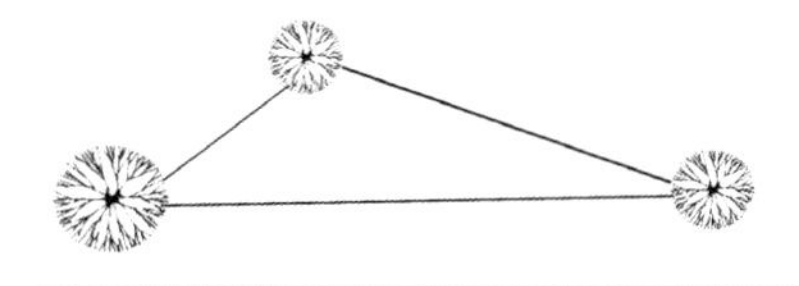

三株树木配置示意图

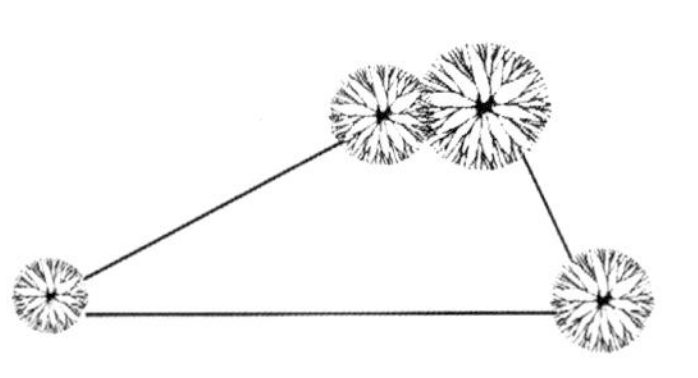

四株树木配置示意图

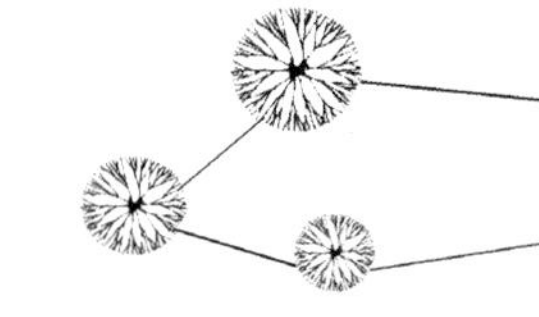

五株树木配置示意图

运用色彩对比的手法，丰富了园林景观的空间层次

对植在园林艺术构图中只作配景，动势向轴线集中。

3. 丛植

由2～3株或至20株同种类的树种较紧密地种植在一起，其树冠线彼此密接而形成一整体外轮廓线。丛植的目的主要是发挥整体的作用，它对环境有较强的抗逆性，在艺术上强调了整体美。

4. 聚植（集植或组植）

由2～3株或1～20株不同种类的树种配成一个景观单元的配植方式称聚植；亦可用几个丛植组成聚植。聚植能充分发挥树木的集团美，它既能表现出不同种类的个性特征，又能使这些个性特征很好地协调组合在一起而形成集团美，在景观上是具有丰富表现力的一种配植方式。

5. 群植（树群）

由20～30株以上至数百株左右的乔、灌木成群配植时称为群植，这个群体称为树群。树群可由单一树种组成，亦可由数个树种组成。树体高低错落、叶色丰富，景色宜人。

6. 林植

是较大面积、多株数成片林状的种植。这是将森林学、造林学的概念和技术措施按照园林的要求引入于自然风景区和城市绿化建设中的配植方式。

7. 散点植

以单株在一定面积上进行有韵律、节奏的散点种植，有时可以双株或三株的丛植作为一个点来进行疏密有致的扩展。对每个点不是如独赏树的给以强调，而是着重点与点之间有呼应的动态联系。散点植的配植方式既能表现个体的特性，又处于无形的联系之中。

三、园林乔木的配植效果

园林乔木配植的艺术效果是多方面的、复杂的；且需要细致的观察和体会，才能领会其真正的含义。主要表现如下几方面。

1. 增加丰富感

在新的建筑物刚刚竣工后，周围没有绿化、美化时，空间常显得单调乏味，配植各种形体和五颜六色的植物之后，就变得优美而丰富了。

2. 调节气氛

应用常绿的针叶树，尤其是尖塔形的树种常形成庄严肃穆的气氛，如烈士陵园的树木配植。一些线条圆缓流畅的树冠，尤其是垂枝性的树种常形成柔和轻快的气氛，如湖边的垂柳等。

3. 强调作用

运用树木的体形、色彩特点加强某个事物，使其突出显现的配植方法称为强调。具体配植时常用对比、陪衬、透视线等手法。

对比：如在站立式雕像底座的周围配植绿篱来显示雕像的高大。

陪衬：如在雕像的后面以绿色的树墙作为背景来突出雕像等。

透视线：如在笔直的道路两侧配植行道树，而在路的尽头设置雕像等。

4. 缓解作用

对于过分突出的景物，用配植的手段使之从“强烈”变为“柔和”，称为缓解。如建筑物的边线多为刚硬的直线，在其周围配植树木后，树体柔和的曲线可打破这种生硬的局面；又如只在高楼的周围栽种草坪，则显得高楼非常突出。若在高楼与草坪之间配植上乔木和灌木，丰富了层次，也缓和了气氛。

5. 增强韵味

配植上的韵味表现为树木的高低错落、绿地边缘的自然曲折、色相及色彩浓淡的变化、花开放的此起彼伏等。但这需认真的观察和体会。总之，树木配植的艺术效果是多样化的，设计者需具备较多的栽培管理技术知识，并具备较深的文学、艺术修养，才能使配植艺术达到较高的水平。

高楼周围种乔灌木，可缓解建筑物刚硬的直线

园林透视线

树木的高低错落、绿地边缘的自然曲折、色相、色彩浓淡的变化及花开放的起伏等，可增强其韵味

第四章 赏姿类乔木

柏 木

Cupressus funebris

柏科柏木属

形态特征 常绿乔木，高可达30m，胸径2m。树冠圆锥形。树皮幼时红褐色，老年树褐灰色，纵裂成窄长条片。小枝扁平，细长且下垂。鳞叶交互对生，排成平面，两面相似。鳞叶先端锐尖，偶有刺形叶，中部叶背有腺点。雌雄同株。球果卵圆形。种子近圆形，两侧具窄翅，淡褐色，有光泽。花期3～5月，球果翌年5～6月成熟。

分布习性 分布于我国浙江、福建、江西、湖南、湖北、四川、贵州、广东、广西、云南等地。喜温暖湿润的各种土壤地带，尤以在石灰岩山地钙质土上生长良好。

繁殖栽培 用种子繁殖。春秋均可播种，以秋播效果较好，特别是夏季干旱地区。秋播在9月下旬至10月中旬，随采随播。春播需进行种子催芽。播前种子经水选后，先用45℃的温水浸种1昼夜，待有半数以上的种子裂嘴时播种。秋播的幼苗，来年春暖后，即开始加速生长，待夏旱出现时，幼苗已扎根较深，可提高抗旱能力。

园林用途 柏木枝叶浓密，小枝下垂，树冠整齐，姿态潇洒宜人。最宜群植成林；宜作公园、建筑物前、陵墓、名胜古迹和自然风景区绿化树种。也可作长江以南湿暖地区石灰岩山地的造林树种。

同属植物 西藏柏木 *Cupressus torulosa*，常绿乔木，高约20m；生鳞叶的枝不排成平面，圆柱形，末端的鳞叶枝细长；种子两侧具窄翅。主要产于我国西藏东部及南部；印度、尼泊尔、不丹也有分布。生长在海拔1800～2800m的石灰岩山地。

干香柏 *Cupressus duclouxiana*，常绿乔木，高达25m，胸径80cm；树干端直，树皮灰褐色，裂成长条片脱落；枝条密集，树冠近圆形或广圆形。为我国特有树种，产于云南中部、西北部及四川西南部海拔1400～3300m地带。喜生于气候温和、夏秋多雨、冬春干旱的山区，在深厚、湿润的土壤上生长迅速。

绿干柏 *Cupressus arizonica*，常绿乔木，在原产地高达25m；树皮红褐色，纵裂成长条剥落；枝条颇粗壮，向上斜展；生鳞叶的小枝方形或近方形。原产美洲。我国南京及庐山等地引种栽培，生长良好。

岷江柏木 *Cupressus chengiana*，常绿乔木，高达30m，胸径1m；枝叶浓密，生鳞叶的小枝斜展，不下垂。产于四川西部、北部及甘肃南部等地，生于海拔1200～2900m，干燥阳坡。

白皮松

Pinus bungeana

松科松属

形态特征　常绿乔木，高达30m，其胸径可达3m；有明显的主干，或从树干近基部分成数干；幼树树皮光滑，灰绿色，长大后树皮成不规则薄块片脱落，露出淡黄绿色的新皮，老则树皮呈淡褐灰色或灰白色，裂成不规则的鳞状块片脱落，脱落后近光滑，露出粉白色的内皮，白褐相间成斑鳞状。枝较细长，斜展，形成宽塔形至伞形树冠。针叶3针一束，粗硬。雄球花卵圆形或椭圆形；球果通常单生，卵圆形或圆锥状卵圆形。花期4～5月，球果翌年10～11月成熟。

分布习性　我国特有树种，主要分布于陕西秦岭、太行山南部，河南西部、甘肃南部及天水、四川北部江油观雾山及湖北西部等地；陕西、苏州、杭州等地均有栽培。性喜光，耐瘠薄，耐寒，耐旱；抗寒力强，对较干冷的气候有很强的适应能力。

繁殖栽培　通常播种繁殖。播前沙藏60天或用温水浸种催芽，以促进萌发。高畦播种，畦面忌积水，播后可用塑料薄膜覆盖，以便提高土壤温度和保墒。当年苗高5～7cm，抗寒力较差，北方育苗应埋土防寒。若有条件，最好在出苗后搭阴棚遮阴1个月，以防止高温日灼。第二年春季可进行裸根移苗，2年后再带土移植1次，可培育至苗高30cm。

园林用途　其干皮斑驳美观，树姿端庄，针叶短粗亮丽，适应性强，可孤植、对植、丛植成林或作行道树，园林景观效果好；也适于庭园中堂前、亭侧栽植，使苍松奇峰相映成趣，颇为壮观。

北美香柏

Thuja occidentalis

柏科崖柏属

形态特征 常绿乔木，树高达20m；树皮红褐色或橘红色，稀呈灰褐色，纵裂成条状块片脱落；枝条开展，树冠塔形；当年生小枝扁。叶鳞形，先端尖，小枝上面的叶绿色或深绿色，下面的叶灰绿色或淡黄绿色，中央之叶楔状菱形或斜方形，尖头下方有透明隆起的圆形腺点，主枝上鳞叶的腺点较侧枝的为大，两侧的叶船形。球果幼时直立，绿色，后呈黄绿色、淡黄色或黄褐色，成熟时淡红褐色，向下弯垂，长椭圆形；种子扁，两侧具翅。

分布习性 主要分布于北美东部；我国青岛、庐山、上海、郑州、武汉等地有栽培。对土壤要求不严，能生长于温润的碱性土中。耐修剪，抗烟尘和有毒气体的能力强。生长较慢，寿命长。

繁殖栽培 常用扦插繁殖，亦可播种和嫁接；苗木移栽带土球，成活容易。

园林用途 树冠优美整齐，园林上常作园景树点缀装饰树坛，丛植草坪一角，亦适合作绿篱。

	2
1	

1. 北美香柏丛植草地
2. 北美香柏

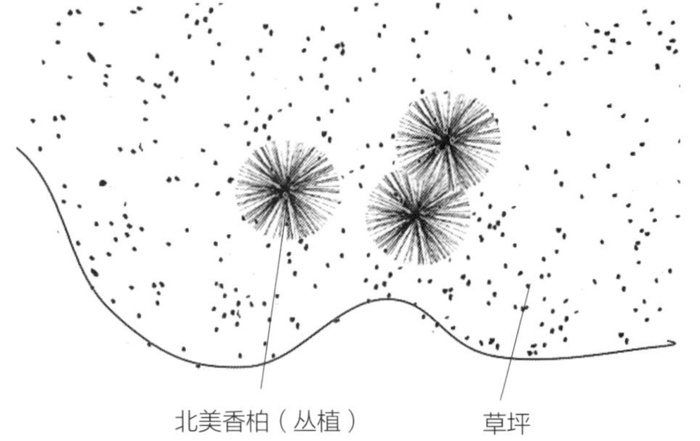

侧　柏

Platycladus orientalis

柏科侧柏属

形态特征　常绿乔木，高达20m；树皮薄，浅灰褐色，纵裂成条片；枝条向上伸展或斜展，幼树树冠卵状尖塔形，老树树冠则为广圆形；生鳞叶的小枝细，向上直展或斜展，扁平，排成一平面。叶鳞形，先端微钝，小枝中央的叶露出部分呈倒卵状菱形或斜方形，背面中间有条状腺槽，两侧的叶船形，先端微内曲，背部有钝脊，尖头的下方有腺点。雄球花黄色，卵圆形。球果近卵圆形。花期3～4月，球果10月成熟。

分布习性　原产于内蒙古、吉林、辽宁、河北、山西、山东、江苏、浙江、福建、安徽、江西、河南、陕西、甘肃、四川、云南、贵州、湖北、湖南、广东及广西等地，西藏有栽培；朝鲜也有分布。

喜光，幼时稍耐阴，适应性强，对土壤要求不严，在酸性、中性、石灰性和轻盐碱土壤中均可生长。耐干旱瘠薄，萌芽能力强。

繁殖栽培　主要以种子繁殖为主，也可扦插或嫁接。

园林用途　幼树树冠尖塔形，老树广圆锥形，枝条斜展，排成若干平面，寿命极长，多用于寺庙、墓地、纪念堂馆和园林绿篱。也可用于盆景制作。

长叶松

Pinus palustris

松科松属

形态特征 常绿乔木，高达45m，胸径1.2m。枝向上开展或近平展，树冠宽圆锥形或近伞形；树皮暗灰褐色，裂成鳞状薄块片脱落。冬芽粗大，银白色；芽鳞长披针形。针叶3针一束，长20～45cm。球果窄卵状圆柱形。

分布习性 分布于美国东南沿海及亚热带南部；我国南京、无锡、上海、杭州、绍兴、福州、闽侯、庐山、青岛等地引种栽培。喜湿热海洋性气候环境。

繁殖栽培 可采用播种繁殖育苗。

园林用途 树型高大，树冠广展，颇为美观。宜作庭荫树及行道树。

	2
1	3

1. 针叶
2. 树冠广展，颇为美观
3.散植林缘

长叶云杉

Picea smithiana

松科云杉属

形态特征 常绿乔木，高达60m；树皮淡褐色，浅裂成圆形或近方形的裂片；大枝平展，小枝下垂，树冠窄；幼枝淡褐色或淡灰色，无毛；冬芽圆锥形或卵圆形。叶辐射斜上伸展，四棱状条形，细长，向内弯曲，先端尖。球果圆柱形。

分布习性 分布于我国西藏吉隆地区；阿富汗、尼泊尔、印度等地亦有分布。性喜夏温冬凉，四季分明；具有耐寒、耐旱和抗强风的特性，同时，也具有较强的耐阴性。

繁殖栽培 采用播种繁殖育苗，然后移植；在幼苗和幼树时，要提供足够的阴湿条件。

园林用途 树形美观，可作行道树和庭园绿化树种。

1
2

1. 长叶云杉
2. 长叶云杉散植

刺　柏

Juniperus formosana

柏科刺柏属

形态特征　常绿小乔木，高达12m，胸径2.5m；树皮灰褐色，纵裂，呈长条薄片脱落；树冠塔形，大枝斜展或直伸，小枝下垂，三棱形。叶全部刺形，坚硬且尖锐，3叶轮生，先端尖锐，基部不下延。雌雄同株或异株，球果近圆球形。花期4月，果需要2年成熟。

分布习性　分布于我国黑龙江、吉林、辽宁及内蒙古，台湾、江苏、浙江、安徽、湖南、河南等地均有栽培；自温带至寒带均有分布。性喜光，耐寒，耐旱。

繁殖栽培　以种子繁育为主，也可扦插、压条、嫁接繁育。

园林用途　树姿苍劲优美，是优良的庭园树。

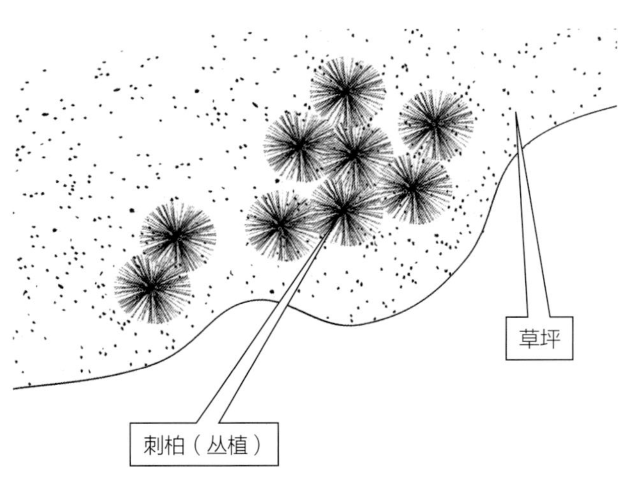

1
2
3

1. 刺形叶
2. 丛植草地
3. 优良的庭园植物

粗　榧

Cephalotaxus sinensis

三尖杉科三尖杉属

形态特征　常绿小乔木，高达12m；树皮灰色或灰褐色，呈薄片状脱落，叶片条状披针形，表面深绿色有光泽，背面有两条气孔带。种子卵圆形。4月开花，种子次年10月成熟。

分布习性　分布于我国四川、湖北、贵州、广西、广东及福建等地。

繁殖栽培　采用播种及扦插繁殖育苗。

园林用途　树形美观，常散植或群植于公园、风景区草坪上，具较好的园林景观效果；也宜供作切花装饰材料。

同属植物　西双版纳粗榧 *Cephalotaxus mannii* 常绿小乔木，高达8m。叶排成两列，披针状条形，通常直伸，稀微弯。雄球花6～8聚生成头状；种子倒卵圆形。花期2～3月，种子8～10月成熟。分布于云南南部西双版纳地区。越南、缅甸、印度也有分布。

1
2

1. 林中粗榧
2. 粗榧在绿地中

垂　柳

Salix babylonica

杨柳科柳属

形态特征　落叶乔木，高达18m，树冠倒广卵形。小枝细长下垂，淡黄褐色。叶互生，披针形或条状披针形，先端渐长尖，基部楔形，无毛或幼叶微有毛，具细锯齿，托叶披针形。花期3～4月，果熟期4～5月。

分布习性　主要分布于长江流域及其以南各地平原地区，各地均有栽培。性喜光，也耐阴；喜温暖湿润气候和肥沃、深厚的土壤；耐碱、耐寒、耐水湿。

繁殖栽培　以扦插繁殖为主，也可播种、嫁接繁殖。扦插极易生根，“有心栽花花不发，无心插柳柳成荫”，说明垂柳极易繁殖。但生长离不开水，只要不缺水就能成活。垂柳衰老快，在修剪过程中注意剪掉病虫枝、衰败枝。

园林用途　枝条细长，柔软下垂，随风飘舞，姿态优美潇洒，适合植于河岸及湖池边，亦可作为行道树、庭院树及平原造林树种。

同种变种　曲枝垂柳 *Salix babylonica* f. *tortuosa*，与原种主要区别为枝卷曲。

1	3	4
2	5	

1. 孤植于草地
2. 曲枝垂柳
3. 垂柳配植亭阁前
4. 柳树潇洒的树姿
5. 作为行道树

翠　柏

Calocedrus macrolepis

柏科翠柏属

形态特征　常绿乔木；小枝扁平，直展。鳞形叶二型，交互对生；小枝下面的叶有白色气孔点。雌雄同株；着生雌球花的小枝圆或近方形。球果当年成熟，长椭圆状圆柱形；种子有一大一小的膜质翅。花期3～4月，果熟期9～10月。

分布习性　分布于我国云南、贵州、广西、海南等地；越南、缅甸也有分布。喜光，耐湿、耐寒性差；耐旱性、耐瘠薄性均较强。

繁殖栽培　用种子繁殖，有隔年结果特性。球果成熟后，种鳞开裂，种子散落，要及时采收，晾干后筛出种子，干藏至春季3月播种，约20～30天发芽，出苗后要搭棚遮阴，幼苗生长缓慢。用插枝法也能繁殖。

园林用途　树冠广卵形，枝叶茂密，叶为翠绿色，是良好的园林观赏及城乡绿化树种。

同种变种　台湾翠柏 *Calocedrus macrolepis* var. *formosana*，台湾翠柏是翠柏的变种，其区别在于着生雌球花及球果的小枝扁短。分布于台湾北部、中部，南达阿里山，常生于海拔300～1900m地带的阔叶林中。

	1
3	2

1. 丛植于公园中
2. 列植路旁
3. 翠柏枝叶

福建柏

Fokienia hodginsii

柏科福建柏属

形态特征 常绿乔木，高达30m或更高，胸径达1m。树皮紫褐色，近平滑或不规则长条片开裂。叶鳞形，小枝上面的叶微拱凸，深绿色，下面的叶具有凹陷的白色气孔带。雌雄同株，球花单生小枝顶端。球果翌年成熟，近球形，成熟时褐色。花期3月中旬至4月，第二年10月球果成熟。

分布习性 分布于我国福建、江西、浙江南部、湖南南部、广东北部、四川东南部、广西北部、贵州东南部以及云南的中部和东南部，以福建中部最多。越南北部也有少量分布。

多散生于常绿阔叶林中，偶有小片纯林。喜光性中等，幼年耐庇阴。要求温凉润湿以至潮湿的山地气候，分布区的年平均气温15℃以上，1月平均气温5℃以上，绝对最低温度不低于-12℃；年降水量1200mm以上，且分布均匀。适生于微酸性至酸性的黄壤和黄棕壤，在有机质较多、腐殖质层厚10～20cm 的疏松壤土上生长良好。浅根性，侧根较发达，穿透力较强。

繁殖栽培 采用播种繁殖和扦插。播种前种子用0.1%高锰酸钾液消毒20分钟，然后用清水洗净，阴干，用钙镁磷肥拌种。选用1～2年生健壮实生苗种植。通常以晚冬、早春移植为宜。要求须根舒展，适当深栽，适当密植。

园林用途 树形优美，树干通直挺拔，适应性强，生长较快，在园林中常作片植、路旁列植、草坪内孤植，也可盆栽作桩景；还可与落叶阔叶树混交，植于园之一隅，构成林相，以示森林之美。

光棍树

Euphorbia tirucalli

大戟科大戟属

形态特征 常绿小乔木，高2～6m；干老时呈灰色或淡灰色，幼时绿色，上部平展或分枝；小枝肉质，具丰富乳汁。叶互生，长圆状线形，先端钝，基部渐狭，全缘，无柄或近无柄；常生于当年生嫩枝上，稀疏且很快脱落，由茎行使光合功能，故常呈无叶状态；总苞干膜质，早落。花序密集于枝顶。种子卵球状。花果期7～10月。

分布习性 分布于非洲东部（安哥拉），广泛栽培于热带和亚热带；我国南北方均有栽培。喜温暖，好光照，也耐半阴，耐干燥，适于排水良好的土壤。

繁殖栽培 采用扦插繁殖。温暖地带可露地栽培，寒地盆栽，温室越冬。1～2年换盆1次，宜用疏松的沙质壤土，要控制浇水，每15～20天施追肥1次。

园林用途 茎干秃净、光滑圆柱状，为奇特的观茎植物，适合盆栽室内观赏，也可庭院栽植。

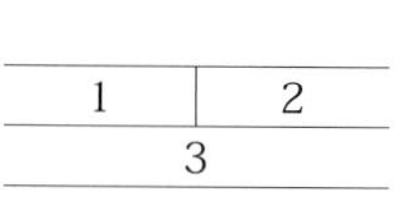

1. 庭园绿化
2. 小枝
3. 路边点缀

黑 松

Pinus thunbergii

松科松属

形态特征 常绿乔木，高达30m；幼树树皮暗灰色，老则灰黑色，粗厚，裂成块片脱落；枝条开展，树冠宽圆锥状或伞形；1年生枝淡褐黄色，无毛；冬芽银白色，圆柱状椭圆形或圆柱形，顶端尖，芽鳞披针形或条状披针形，边缘白色丝状。针叶2针一束，深绿色，有光泽，粗硬，边缘有细锯齿，背腹面均有气孔线；雄球花淡红褐色，圆柱形；雌球花单生或2～3个聚生于新枝近顶端，直立，有梗，卵圆形，淡紫红色或淡褐红色。球果成熟前绿色，熟时褐色，圆锥状卵圆形或卵圆形。花期4～5月，种子翌年10月成熟。

分布习性 分布于日本及朝鲜南部海岸地区。我国旅顺、大连、山东沿海地带，以及武汉、南京、上海、杭州等地引种栽培。喜光，耐寒冷，不耐水涝，不耐寒，耐干旱、瘠薄及盐碱土。适生于温暖湿润的海洋性气候区域，喜微酸性沙质壤土，最宜在土层深厚、土质疏松、且含有腐殖质的沙质土壤处生长。

繁殖栽培 以播种繁殖为主，亦可用扦插繁殖。其中枝插和针叶束插均可获得成功，但难度比较大，生产上仍以播种育苗为主。苗床播种、容器育苗应用都很普遍。

园林用途 其枝干横展，树冠如盖，针叶常绿，冬芽银白，为著名的海岸绿化树种，可用作防风，防潮，防沙林带及海滨浴场附近的风景林，行道树或庭荫树；也可制成盆景，其老干苍劲，虬根盘曲，显示坚韧不拔的生机，具极好的观赏价值。

1
2
3

1. 黑松稀树草地
2. 景区中的丰姿
3. 黑松盆景

华南五针松

Pinus kwangtungensis

松科松属

形态特征　常绿乔木，高达30m；树皮褐色，裂成不规则的鳞状片块。枝轮生，平展；1年生枝淡褐色，无毛；冬芽微有树脂。叶针形，5针一束，绿色，腹面每侧有4～5条白色气孔线；叶鞘早落；鳞叶不下延生长。球果圆柱状长圆形或卵圆形，成熟时淡红褐色；种鳞楔状倒卵形。花期4～5月，球果翌年10月成熟。

分布习性　主要分布于我国广东、湖南、广西、贵州等地；阳性树种，生态适应性较强，在温凉湿润、海拔800～1600m的中亚热带山地生长良好，在气候炎热地带也能生长；也适应多种土壤，如酸性黄壤、黄棕壤以及黑色石灰土和棕色石灰土。

繁殖栽培　通常采用种子繁殖育苗。若作盆景栽培时，可用黑松、马尾松作砧木，用嵌接或腹接法繁殖。

园林用途　树形优美，最适宜孤植于草坪中央、建筑前庭之中心、广场中心或主要建筑物的两旁及园门的入口等处；也可列植于园路的两旁，形成通道，亦极为壮观。

1
2
3

1. 在草地上散植
2. 列植于园路旁
3. 针叶

华山松

Pinus armandii

松科松属

形态特征 常绿乔木，高达35m。幼树树皮灰绿色或淡灰色，平滑，老则呈灰色，裂成方形或长方形厚块片固着于树干上，或脱落；枝条平展，形成圆锥形或柱状塔形树冠；1年生枝绿色或灰绿色；冬芽近圆柱形，褐色。针叶5针一束，稀6～7针一束，边缘具细锯齿。球果圆锥状长卵圆形；种子黄褐色、暗褐色或黑色，倒卵圆形。花期4～5月，球果翌年9～10月成熟。

分布习性 分布于我国山西、河南、陕西、甘肃、四川、湖北、贵州、云南及西藏等地；江西、浙江等地有栽培。在气候温凉而湿润、酸性黄壤、黄褐壤土或钙质土上，组成单纯林或与针叶树、阔叶树种混生。

繁殖栽培 以播种繁殖，育成大苗再行出栽。

园林用途 树干高大、苍劲、挺拔，生长亦快；是优良的园林绿化树种。

同属植物 黄山松 *Pinus taiwanensis*，常绿乔木，高达30m；树皮深灰褐色；1年生枝淡黄褐色或暗红褐色；冬芽深褐色，卵圆形或长卵圆形。针叶2针一束，稍硬直。球果卵圆形。花期4～5月，球果次年10月成熟。

云南松 *Pinus yunnanensis*，常绿乔木，高达30m；1年生枝粗壮，淡红褐色；冬芽圆锥状卵圆形，粗大，红褐色。针叶通常3针一束，稀2针一束。雄球花圆柱状；球果成熟前绿色，熟时褐色或栗褐色，圆锥状卵圆形；种子褐色，近卵圆形或倒卵形。花期4～5月，球果次年10月成熟。

1	2
3	

1. 球果
2. 孤植景观
3. 华山松林

辣　木

Moringa oleifera

辣木科辣木属

形态特征　常绿乔木，高3～12m；树皮软木质；枝有明显的皮孔及叶痕，小枝有短柔毛；根有辛辣味。叶通常为三回羽状复叶，在羽片的基部具线形或棍棒状稍弯的腺体；腺体多数脱落，叶柄柔弱，基部鞘状；羽片4～6对；小叶3～9片，薄纸质，卵形、椭圆形或长圆形，通常顶端的1片较大，叶背苍白色，无毛。花序广展，花白色，芳香。蒴果细长。花期全年，果期6～12月。

分布习性　原产印度，现广植于各热带地区；我国广东、海南、台湾等地也有栽培。

繁殖栽培　采用播种和扦插繁殖育苗。

园林用途　树冠奇特，树干似象腿，极富观赏价值，是著名的庭院绿化树种。也可盆栽布置厅堂、会所等处，极富热带情趣，颇耐欣赏。

<table>
<tr><td>1</td><td>2</td><td colspan="2" rowspan="2">5</td></tr>
<tr><td colspan="2">3</td></tr>
<tr><td colspan="2">4</td><td>6</td><td>7</td></tr>
</table>

1. 枝叶
2. 作行道树
3. 列植路旁
4. 奇特的树冠
5、6、7. 辣木景观

罗汉松

Podocarpus macrophyllus

罗汉松科罗汉松属

形态特征　常绿乔木，高达20m；树皮灰色或灰褐色，浅纵裂，呈薄片状脱落；枝开展或斜展，较密。叶螺旋状着生，条状披针形，微弯，先端尖，基部楔形，上面深绿色，有光泽，中脉显著隆起，下面带白色、灰绿色或淡绿色，中脉微隆起。雄球花穗状、腋生；雌球花单生叶腋。种子卵圆形，种托肉质圆柱形，红色或紫红色。花期4～5月，种子8～9月成熟。

分布习性　原产于我国江苏、浙江、福建、安徽、江西、湖南、四川、云南、贵州、广西、广东等地；日本也有分布。性喜阳光充足，也稍耐阴。要求温和湿润的气候条件，夏季无酷暑湿热，冬季无严寒霜冻。

繁殖栽培　可用播种及扦插繁殖。播种繁殖，一般多在春、秋两季进行条播，种子发芽率高达80%～90%，但幼苗生长缓慢。扦插繁殖，宜在雨季进行，插后遮阴，极易生根。

园林用途　树姿苍劲，枝叶洒脱，可孤植、散植、列植作庭园树和独赏树；也可制作盆景。

同属种及变种　短叶罗汉松 *Podocarpus brevifolius*，叶呈螺旋状簇生排列，单叶为短条带状披针形，先端钝尖，基部浑圆或楔形，叶革质，浓绿色，中脉明显，叶柄极短。盆栽最佳。

长叶罗汉松 *Podocarpus neriifolius*，叶条状而细长，先端渐窄成长尖头，基部楔形。

狭叶罗汉松 *Podocarpus macrophyllus* var. *angustifolius*，叶较狭，通常长5～9cm，宽3～6cm，先端渐窄成长尖头，基部楔形。

鸡毛松 *Podocarpus imbricatus*，常绿乔木，高达30m；树干通直，树皮灰褐色；枝条开展或下垂；小枝密生，纤细，下垂或向上伸展。叶异型，螺旋状排列，下延生长，两种类型之叶往往生于同一树上。雄球花穗状。花期4月，种子10月成熟。

1	4	5	6
2			
3	7	8	

1. 装饰街头绿地
2. 列植路旁
3. 与古建筑相得益彰
4. 孤植赏姿
5. 鸡毛松
6. 短叶罗汉松
7. 长叶罗汉松
8. 罗汉松盆景

落羽杉

Taxodium distichum

杉科落羽杉属

形态特征 落叶乔木。胸径可达2m；树干尖削度大，干基膨大，地面通常有屈膝状的呼吸根；树皮为长条片状脱落，棕色；枝条呈水平开展，树冠幼树圆锥形，老树为宽圆锥状；嫩枝开始绿色，秋季变为棕色，落前变成红褐色。球果圆形或卵圆形，有短梗，向下垂，成熟后淡褐黄色，有白粉，直径约2.5cm；种鳞木质，盾形，顶部有沟槽，种子为不规则三角形；花期4月下旬，球果成熟期10月。

分布习性 原产美国东南部，北自马里兰州，南到佛罗里达州，西到得克萨斯州的南大西洋沿岸，极大部分分布于沿河沼泽地和每年有8个月浸水的河漫滩地。我国长江流域及其以南地区均有栽培。

繁殖栽培 播种及扦插法繁殖。扦插繁殖时，可用硬枝插或软枝插。定植后，主要应防止中央领导干成为双干，在扦插苗中尤应注意，见有双主干者，应剪掉弱干而保留强干，疏剪掉纤弱枝及影响主干生长的徒长枝。

园林用途 庭荫树、水边护岸树。落羽杉树形整齐美观，近羽毛状的叶丛极为秀丽，入秋，叶变成古铜色，是良好的秋色园林景观树种。最适水旁配植，又有防风护岸之效。

同属植物 池杉 *Taxodium ascendens*，落叶乔木，高达25m。主干挺直，树冠尖塔形。树干基部膨大，枝条向上形成狭窄的树冠，尖塔形，形状优美；叶钻形在枝上螺旋伸展；球果圆球形。

墨西哥落羽杉 *Taxodium mucronatum*，落叶或半常绿乔木，高可达50m，树冠广圆锥形。树干尖削度大，基部膨大。树皮黑褐色，作长条状脱落。大枝斜生，一般枝条水平开展，大树的小枝微下垂。叶线形，扁平，紧密排列成二列，翌年早春与小枝一起脱落。花期春季，秋后果熟。

<table>
<tr><td colspan="2">1</td><td>5</td></tr>
<tr><td>2</td><td rowspan="2">4</td><td rowspan="2">6</td></tr>
<tr><td>3</td></tr>
</table>

1. 列植于溪旁
2. 池杉球果
3. 池杉小枝叶
4. 落羽杉
5. 湿地中的落羽杉景观
6. 落羽杉林

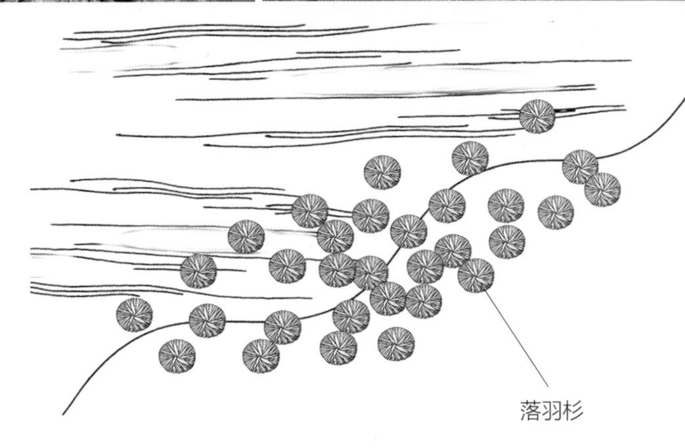

南洋杉

Araucaria cunninghamii

南洋杉科南洋杉属

形态特征 常绿乔木，高达60～70m；树皮灰褐色或暗灰色，粗糙，横裂；大枝平展或斜伸，幼树冠尖塔形，老则成平顶状，侧生小枝密生，下垂，近羽状排列。叶二型：幼树和侧枝的叶排列疏松，开展，钻状、针状、镰状或三角状，微弯；大树及花果枝上之叶排列紧密而叠盖，斜上伸展，微向上弯，卵形、三角状卵形或三角状，上面灰绿色，有白粉。球果卵形或椭圆形；种子椭圆形。

分布习性 原产大洋洲东南沿海地区。我国广州、海南、厦门等地有栽培。阳性树种，喜生于土壤深厚、排水良好适当湿润之处。

繁殖栽培 采用播种，扦插繁殖育苗。

园林用途 树型高大，姿态优美，最宜独植作为园景树、纪念树或行道树；可孤植、列植或配植在树丛内，也可作为大型雕塑或风景建筑的背景树。同时也是室内盆栽装饰树种，点缀厅堂，十分高雅。

同属植物 异叶南洋杉 *Araucaria heterophylla* ，常绿乔木，高达50m以上；树干通直，树冠塔形，大枝平伸。叶二型。球果近圆球形或椭圆状球形。

大叶南洋杉 *Araucaria bidwillii*，常绿乔木，高达50m；大枝平展，树冠塔形，侧生小枝密生；叶辐射伸展，卵状披针形、披针形或三角状卵形，扁平或微内曲，坚硬，厚革质，光绿色。雄球花单生叶腋，圆柱形。球果大，宽椭圆形或近圆球形。花期6月，球果第三年秋后成熟。

窄叶南洋杉 *Araucaria angustifolia*，常绿乔木，可高达40m。树叶鳞片状，三角形，边缘锋利。雌雄异株，雌雄球果在不同的树上。雄球果（花粉）椭圆形；雌球果（种子）受精18个月后在秋季成熟，球形；球果成熟后破裂释放。原产于巴西南部。其树形美观，是世界著名的庭院观赏树之一。

1	3	4
2	5	6

1. 在绿地小径旁点缀
2. 南洋杉在景观中
3. 大叶南洋杉枝叶
4. 大叶南洋杉
5. 窄叶南洋杉
6. 异叶南洋杉

美国扁柏

Chamaecyparis lawsoniana

柏科扁柏属

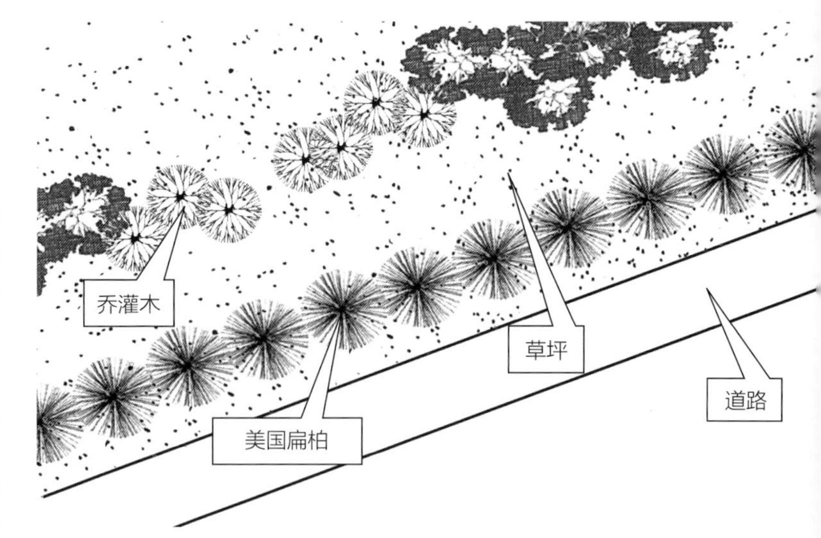

形态特征 常绿乔木，高50～72m；干皮红褐色。枝扁平。叶紧密相连，有腺体，亮绿色或灰白绿色，背面有不明显的气孔线，叶端钝尖。雄球花深红色。球果球形，径8mm，红褐色；种鳞8枚，有反曲突起；通常有2～4种子；种子有宽翅。花期4～5月，果7～8月成熟。

分布习性 原产于美国西部；南京、杭州、昆明、庐山等地均有栽培。喜光，也稍耐阴，耐寒。喜排水良好的潮湿土壤。

繁殖栽培 扦插繁殖，栽培土壤宜微酸性，排水性要好。全日照。需早期修剪。在春末至早秋可修剪边缘嫩枝，但不要剪到老枝。

园林用途 树形优美，可丛植或孤植，也可列植或应用于岩石园。

乔　松

Pinus griffithii

松科松属

形态特征　常绿乔木，高达70m，胸径1m以上；树皮暗灰褐色，裂成小块片脱落；枝条广展，形成宽塔形树冠；1年生枝绿色（干后呈红褐色）。针叶5针一束，细柔下垂，长10～20cm，径约1mm，先端渐尖，边缘具细锯齿，背面苍绿色，无气孔线，腹面每侧具4～7条白色气孔线。球果圆柱形，下垂，中下部稍宽，上部微窄，两端钝，具树脂。种子褐色或黑褐色，椭圆状倒卵形。花期4～5月，球果第二年秋季成熟。

分布习性　原产于我国西藏、云南；生于针阔混交林中。缅甸、不丹、尼泊尔、印度、巴基斯坦、阿富汗也有分布。

繁殖栽培　以播种繁殖，育成大苗再行出栽。

园林用途　树干高大，挺直，生长快；在园林造景中，可丛植或聚植。

1	
	2

1. 高大挺直的乔松
2. 美化街景

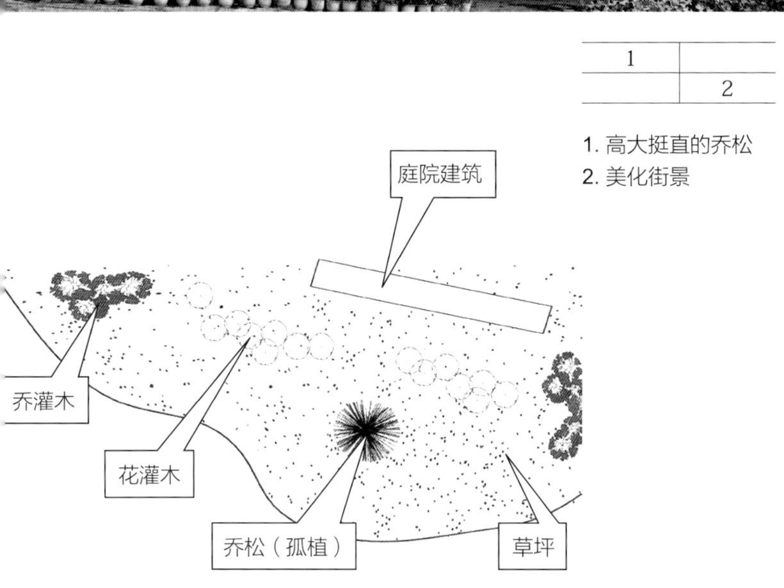

日本扁柏

Chamaecyparis obtusa

柏科扁柏属

形态特征　常绿乔木，高达40m；树冠尖塔形；树皮红褐色，光滑，裂成薄片脱落；生鳞叶的小枝条扁平，排成一平面。鳞叶肥厚，先端钝，小枝上面中央之叶露出部分近方形，绿色，背部具纵脊，通常无腺点，侧面之叶对折呈倒卵状菱形。雄球花椭圆形；球果圆球形。花期4月，球果10～11月成熟。

分布习性　分布于日本；我国青岛、南京、上海、庐山、杭州、广州及台湾等地引种栽培。

繁殖栽培　采用播种和扦插繁育。

园林用途　树姿优美，枝叶亮绿，是优良的园林公共绿地树种。

同属种及品种　孔雀柏 *Chamaecyparis obtusa* var. *obtusa*，常绿乔木；小枝扁平；叶鳞片状，交互对生，密覆小枝，侧边鳞叶对折，幼苗上的交互针状,排列似孔雀之尾；球花小，雌雄同珠，单生枝顶；雄球花长椭圆形；雌球花球形，交互对生；球果直立，当年成熟，有盾状的种鳞，木质；种子有翅。具有浓郁的香气。

绒柏 *Chamaecyparis pisifera*‘Squarrosa’，常绿乔木。树皮红褐色，裂成薄皮脱落；树冠尖塔形；生鳞叶小枝条扁平，排成一平面。鳞叶先端锐尖，侧面之叶较中间之叶稍长，小枝上面中央之叶深绿色，下面之叶有明显的白粉。球果圆球形；种子三角状卵圆形。

1	2
3	
4	

1. 绒柏
2. 孔雀柏小枝
3. 日本扁柏群植景观
4. 孔雀柏

日本柳杉

Cryptomeria japonica

杉科柳杉属

形态特征 常绿乔木，高达40m；树皮红褐色，纤维状，裂成条片状脱落；大枝常轮状着生，水平开展或微下垂，树冠尖塔形；小枝下垂，当年生枝绿色。叶钻形，直伸，先端通常不内曲，锐尖或尖。雌球花圆球形。球果近球形，稀微扁；种子棕褐色，椭圆形或不规则多角形。花期4月，球果10月成熟。

分布习性 分布于日本；我国山东、上海、江苏、浙江、江西、湖南、湖北等地引种栽培。喜光树种，能耐阴。喜温暖、湿润的气候，略耐寒。

繁殖栽培 采用播种和扦插繁殖育苗。

园林用途 树形圆整而高大，树干粗壮，极为雄伟，最适独植、对植，亦宜丛植或群植；同时可用作墓道树或风景林。

同种变种 短叶柳杉 *Cryptomeria. japonica* f. *araucarioides*，叶短小较硬，长1～1.5cm，通常长短不等，长叶和短叶在小枝上交替排列（即由短叶至长叶，再由长叶递减为短叶）；小枝细长，下垂。

1
2

1. 圆整的树冠
2. 成为绿地中的主景树

三尖杉

Cephalotaxus fortunei

三尖杉科三尖杉属

形态特征　常绿乔木，高10～20m。树皮灰褐色至红褐色；小枝对生，基部有宿存芽鳞。冬芽顶生，常3个并列。叶螺旋状排成2列，较疏，常水平展开，线状披针形，微弯，上部渐狭，先端有渐尖的长尖头，基部渐狭，楔形或宽楔形，下面气孔带白色，比绿色边带宽3～5倍。花单性异株。种子绿色，核果状。花期4月，种子8～10月成熟。

分布习性　分布于我国贵州、甘肃、陕西、四川、云南、河南、湖北、湖南、广西、广东、安徽、江西、浙江、福建等地。生长在海拔800～2000m的丘陵山地。气候为半湿润的高原气候。

繁殖栽培　采用播种繁殖。

园林用途　树冠优美，常散植或群植于公园、风景区草坪上，具较好的园林景观效果。

同种变种　高山三尖杉 *Cephalotaxus fortunei* var. *alpina*，本变种与三尖杉的区别在于叶较短窄，通常长4～9cm，宽3～3.5mm，最宽达4.5mm。分布在云南西北部、四川西部及北部和甘肃南部，海拔2300～3700m之高山地带。

1. 三尖杉散植于绿地
2. 高山三尖杉

杉 木

Cunninghamia lanceolata

杉科杉木属

形态特征 常绿乔木，树高可达30～40m，胸径可达2～3m。从幼苗到大树单轴分枝，主干通直圆满。侧枝轮生，向外横展，幼树冠尖塔形，大树树冠圆锥形。叶螺旋状互生，侧枝之叶基部扭成2列，线状披针形，先端尖而稍硬，边缘有细齿。雄球花簇生枝顶；雌球花单生，或2～3朵簇生枝顶，卵圆形。球果近球形或圆卵形。种子扁平。花期4月，球果10月下旬成熟。

分布习性 分布于我国北起秦岭南坡、河南、安徽、江苏，南至广东、广西、云南，东自浙江、福建，西至四川。越南也有分布。较喜光，对土壤的要求较高，最适宜肥沃、深厚、疏松、排水良好的土壤，而嫌土壤瘠薄、板结及排水不良。

繁殖栽培 采用播种、插条及分蘖苗繁殖育苗。

园林用途 在园林中成片种植作为背景；亦适合乡镇植树造林。

1. 枝叶
2. 片植的杉木

水 杉

Metasequoia glyptostroboides

杉科水杉属

形态特征 落叶大乔木。高可达35m。幼树树冠尖塔形，老树则为广圆头形。树皮灰色或灰褐色，浅裂成狭长条脱落，内皮淡紫褐色；叶扁平条形，交互对生成两列，羽状，冬季与侧生无芽的小枝一起脱落。球花单性，雌雄同株，单生叶腋；球果下垂，近四棱圆球形或短圆柱形。花期2月下旬，果实11月成熟。

分布习性 分布于我国湖北、四川、湖南交界的大丰、利川、石柱、龙山等局部地区。

繁殖栽培 播种和扦插繁殖。种子多瘪粒，30年生以下的水杉种子尤多瘪粒，故多应用扦插繁殖。扦插繁殖时硬枝和嫩枝均可，春季扦插插穗用1年生苗的侧枝为宜，在树木发芽前进行扦插。嫩枝扦插在6～7月进行。扦插地要尽量保持湿润、通风。

园林用途 树干通直挺拔，树形壮丽，叶色翠绿，入秋后叶色金黄，是著名的庭院观赏树。一般在公园、庭院、草坪、绿地中孤植、列植或群植。也可成片栽植营造风景林，并适配常绿地被植物；还可栽于建筑物前或用作行道树，效果均佳。

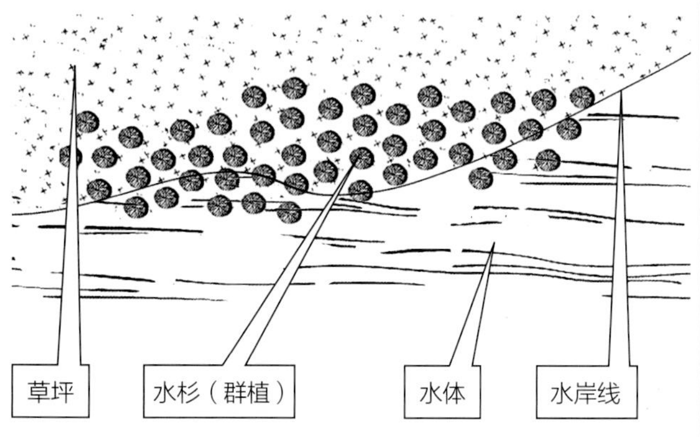

1	2
3	

1. 水杉枝叶
2. 水杉
3. 群植于绿地

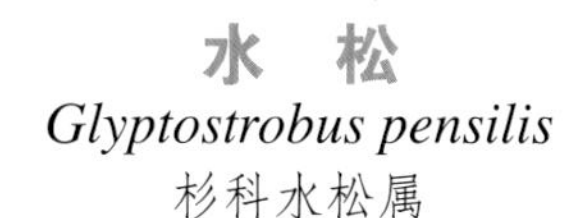

水 松

Glyptostrobus pensilis

杉科水松属

形态特征　落叶或半常绿乔木。干基通常膨大，地面有屈膝状的呼吸根；枝条呈水平开展，树冠幼树圆锥形，老树为宽圆锥状；嫩枝起初绿色，秋季渐变为棕色，落前变成红褐色。球果圆形或卵圆形。花期4月下旬，球果成熟期10月。

分布习性　原产美国东南部。我国长江流域及其以南地区均有栽培。

繁殖栽培　播种及扦插法繁殖。扦插繁殖时，可用硬枝插或软枝插。定植后，主要应防止中央领导干成为双干，在扦插苗中尤应注意，见有双主干者，应剪掉弱干而保留强干，疏剪掉纤弱枝及影响主干生长的徒长枝。

园林用途　庭荫树、水边护岸树。其树形整齐美观，近羽毛状的叶丛极为秀丽，入秋，叶变成古铜色，是良好的秋色园林景观树种。最适水旁配植，又有防风护岸之效。

1
2
3

1. 水岸边列植的景观

2、3. 最适合水旁配植

雪　松

Cedrus deodara

松科雪松属

形态特征　常绿乔木，大枝一般平展，为不规则轮生，小枝略下垂。树皮灰褐色，裂成鳞片，老时剥落。叶在长枝上为螺旋状散生，在短枝上簇生。叶针状，质硬，先端尖细，叶色淡绿至蓝绿。雌雄异株，稀同株，花单生枝顶。球果椭圆至椭圆状卵形；球果翌年10月份成熟。

分布习性　原产于喜马拉雅山西部自阿富汗至印度；我国青岛、西安、昆明、北京、郑州、上海、南京等地多有栽培。抗寒性较强；耐干旱，不耐水湿。浅根性，抗风力差。

繁殖栽培　一般用播种和扦插繁殖。播种可于3月中下旬进行，扦插繁殖在春、夏两季均可进行。

园林用途　其树体高大，树形优美，最适宜孤植于草坪中央、建筑前庭之中心、广场中心或主要建筑物的两旁及园门的入口等处。且主干下部的大枝自近地面处平展，长年不枯，能形成繁茂雄伟的树冠，此外，列植于园路的两旁，形成通道，亦极为壮观。

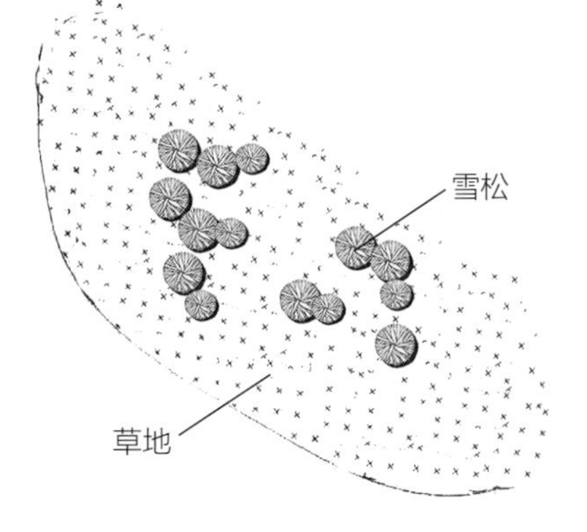

1. 大道两侧列植，气势宏伟
2. 球果
3. 雪松是绿地中的常客
4、5、6. 雪松景观

圆　柏

Sabina chinensis

柏科圆柏属

形态特征　常绿乔木，高达20m；幼树的枝条通常斜上伸展，形成尖塔形树冠，老则下部大枝平展，形成广圆形的树冠；小枝通常直或稍成弧状弯曲，生鳞叶的小枝近圆柱形或近四棱形。叶二型，即刺叶及鳞叶；刺叶生于幼树之上，老龄树则全为鳞叶，壮龄树兼有刺叶与鳞叶。雌雄异株，稀同株，雄球花黄色，椭圆形。球果近圆球形；种子卵圆形。

分布习性　分布于我国内蒙古、河北、山西、山东、江苏、浙江、福建、安徽、江西、河南、陕西南部、甘肃、四川、湖北、湖南、贵州、广东、广西及云南等地，西藏也有栽培。朝鲜、日本也有分布。喜光树种，喜温凉、温暖气候及湿润土壤。

繁殖栽培　采用播种和扦插繁殖育苗。

园林用途　树姿挺拔优美，枝叶青翠茂盛，是寺庙、墓地、纪念堂馆等场所的优良树种。

同种栽培种　龙柏 *Sabina chinensis* var. *kaizuca*，树冠圆柱状或柱状塔形；枝条向上直展，常有扭转上升之势，小枝密，在枝端成几相等长之密簇；鳞叶排列紧密，幼嫩时淡黄绿色，后呈翠绿色。

塔柏 *Sabina chinensis* var. *pyramidalis*，枝向上直展，密生，树冠圆柱状或圆柱状尖塔形；叶多为刺形稀间有鳞叶。

<table>
<tr><td>1</td><td rowspan="2">4</td><td rowspan="2">5</td></tr>
<tr><td>2</td></tr>
<tr><td>3</td><td colspan="2">6</td></tr>
</table>

1. 装饰建筑物
2. 龙柏塔形的树冠
3. 龙柏
4. 龙柏列植
5. 龙柏在庭园中
6. 龙柏景观

云南油杉

Keteleeria evelyniana

松科油杉属

形态特征 常绿乔木，高达40m；树皮粗糙，暗灰褐色，不规则深纵裂，呈块状脱落；枝条较粗；1年生枝干后呈粉红色或淡褐红色，2、3年生枝无毛，呈灰褐色、黄褐色或褐色，枝皮裂成薄片。叶条形，在侧枝上排列成两列，基部楔形，渐窄成短叶柄，上面光绿色。球果圆柱形。花期4～5月，种子10月成熟。

分布习性 分布于我国云南、贵州及四川西南部。

繁殖栽培 采用播种繁殖育苗。

园林用途 姿形优美，树冠茂盛苍翠，适合散植、丛植于园林公共绿地。

同属植物 黄枝油杉 *Keteleeria calcarea*，常绿乔木，高20m；树皮黑褐色或灰色，纵裂，呈片状剥落；小枝无毛或近于无毛，叶脱落后，留有近圆形的叶痕，1年生枝黄色，2、3年生枝呈淡黄灰色或灰色；冬芽圆球形。叶条形。球果圆柱形。种子10～11月成熟。

1	3	4
2	5	

1. 云南油杉枝叶
2. 云南油杉
3. 黄枝油杉
4. 姿形优美的云南油杉
5. 丛植于公共绿地

中山杉

Taxodium distichum×ascendens×mucronatum

杉科落羽杉属

形态特征　落叶乔木。胸径可达2m；树干尖削度大，干基膨大，地面通常有屈膝状的呼吸根；树皮为长条片状脱落，棕色；枝条呈水平开展，树冠幼树圆锥形，老树为宽圆锥状；嫩枝开始绿色，秋季变为棕色，落前变成红褐色。球果圆形或卵圆形，有短梗，向下垂，成熟后淡褐黄色，有白粉，直径约2.5cm；种鳞木质，盾形，顶部有沟槽，种子为不规则三角形；花期4月下旬，球果成熟期10月。

分布习性　为落羽杉、池杉、墨西哥落羽杉3个树种的优良种间杂交种，江苏省与中国科学院植物研究所选育而成，2002年通过国家林业局林木品种审定委员会首批审定。抗逆性强，耐水湿。

繁殖栽培　采用播种及扦插繁殖育苗。

园林用途　挺拔高耸，树冠呈圆锥形，宜作背景树，也适宜于孤植、列植、丛植，其枝杆密布，绿量较大，也宜作绿墙和绿篱。

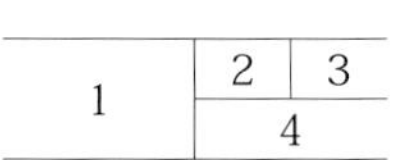

1. 中山杉
2. 枝叶
3. 列植水边
4. 作背景树

银 杉

Cathaya argyrophylla

松科银杉属

形态特征 常绿乔木，高达20m；树皮暗灰色；1年生枝黄褐色，密被灰黄色短柔毛，逐渐脱落，2年生枝呈深黄色；叶枕近条形，稍隆起，顶端具近圆形、圆形或近四方状的叶痕，其色较淡；冬芽卵圆形或圆锥状卵圆形；叶螺旋状着生成辐射伸展。雄球花开放前长椭圆状卵圆形。球果成熟前绿色，熟时由栗色变暗褐色，卵圆形、长卵圆形或长椭圆形。

分布习性 为我国特产的稀有树种，分布于广西、四川。阳性树，喜温暖、湿润气候和排水良好的酸性土壤。

繁殖栽培 采用播种繁殖育苗。

园林用途 挺拔秀丽，枝叶茂密。树冠塔形，分枝平展，俊俏优美，银光闪闪，是园林公共绿地优良树种。

1. 枝叶
2. 点缀水旁
3. 绿地中的景观

5 第五章 赏叶类乔木

白 桦

Betula platyphylla

桦木科桦木属

形态特征 落叶乔木，高可达27m；树皮灰白色，成层剥裂；叶厚纸质，三角状卵形、三角状菱形、三角形，少有菱状卵形和宽卵形。果序单生，圆柱形或矩圆状圆柱形。小坚果狭矩圆形、矩圆形或卵形。

分布习性 分布于我国东北、华北、河南、陕西、宁夏、甘肃、青海、四川、云南、西藏。俄罗斯、蒙古、朝鲜、日本也有分布。喜湿润土壤。

繁殖栽培 采用播种繁殖或萌芽更新育苗。

园林用途 枝叶扶疏，姿态优美，尤其是树干修直，洁白雅致，十分引人注目。孤植、丛植于庭园、公园之草坪、池畔、湖滨或列植于道旁均颇美观。若在山地或丘陵坡地成片栽植，可组成美丽的风景林。

1. 树干修直，洁白雅致
2. 白桦林

白蜡树

Fraxinus chinensis

木犀科白蜡树属

形态特征　落叶乔木，高10～12m；小枝黄褐色；羽状复叶，小叶硬纸质，卵形、倒卵状长圆形至披针形，叶缘具整齐锯齿。圆锥花序顶生或腋生枝梢，花雌雄异株；翅果匙形，坚果圆柱形。花期4～5月，果期7～9月。

分布习性　原产于我国南北各地，多为栽培。越南、朝鲜也有分布。生于海拔800～1600m山地杂木林中。

繁殖栽培　可用种子繁殖，也可用扦插繁殖，以无性扦插繁殖为主。3月播种，或随采随播。扦插选取头年健壮母树的枝条作为插穗条，随采随插，插圃应选择土壤湿润、排水良好的地方。

园林用途　树干通直圆满，枝叶繁茂鲜绿，入秋后树叶橙黄；是优良的行道树和遮荫树；也广泛可用于湖岸绿化和工矿区绿化。

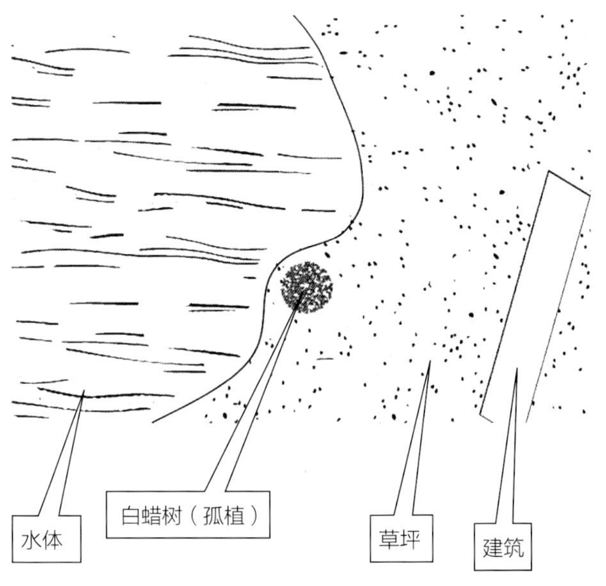

1. 植于水边
2. 枝繁叶茂，绿荫匝地

重阳木

Bischofia polycarpa

大戟科重阳木属

形态特征 落叶乔木，高达15m，胸径50cm；树皮褐色；树冠伞形，大枝斜展，小枝无毛，当年生枝绿色，皮孔明显，灰白色，老枝变褐色，皮孔变锈褐色；三出复叶；小叶片纸质，卵形或椭圆状卵形，有时长圆状卵形，托叶小，早落。花雌雄异株，春季与叶同时开放，组成总状花序；果实浆果状，圆球形，成熟时褐红色。花期4～5月，果期10～11月。

分布习性 分布于我国广东、广西、福建、湖南、湖北、江西、浙江、安徽、江苏、四川、贵州、陕西、河南、台湾等地。性喜光，稍耐阴；喜温暖气候，耐寒性较弱；对土壤的要求不严，在湿润、肥沃的土壤中生长最好；耐旱，也耐瘠薄，且能耐水湿。

繁殖栽培 以种子繁育为主，果熟后采收，用水浸泡后搓烂果皮，淘出种子，晾干后装袋于室内贮藏或拌沙贮藏。翌年早春2～3月条播，当年苗高可达50cm以上。栽培土质以肥沃的沙质壤土为宜。日照需充足，幼株需水较多，不可放任干旱。性喜高温多湿。生育适温为20～32℃。春季移植为好，树液开始流动，枝叶开始萌芽生长，根系易愈合，再生能力强。

园林用途 树姿优美，冠如伞盖，花叶同放，花色淡绿，秋叶转红，艳丽夺目；抗风耐湿，生长快速，是良好的庭荫和行道树种。孤植、丛植于堤岸、溪边、湖畔和草坪周边，秋日景色分外壮丽。

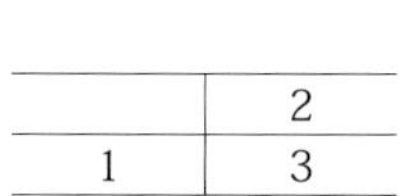

	2
1	3

1. 叶片
2. 作行道树
3. 树姿优美，冠如伞盖

臭 椿

Ailanthus altissima

苦木科臭椿属

形态特征 落叶乔木，树高可达30m；树冠呈扁球形或伞形。树皮灰白色或灰黑色，平滑，稍有浅裂纹。奇数羽状复叶，互生，小叶近基部具少数粗齿，卵状披针形，叶总柄基部膨大，齿端有1腺点，有臭味。雌雄同株或雌雄异株。圆锥花序顶生，花小，杂性，白绿色。翅果，有扁平膜质的翅，长椭圆形。

分布习性 分布于我国广东、广西、云南、辽宁等长江南北22个地区。在印度、法国、德国、意大利、美国等地也有栽培。性喜光，不耐阴。适应性强，除黏土外，各种土壤和中性、酸性及钙质土都能生长。耐寒，耐旱，不耐水湿，深根性。

繁殖栽培 以无性繁殖为主，常用组织培养、扦插、分蘖和留根繁殖。选取1年生新枝上的部分组织或单个细胞,在培养基上可培育出完整的植株。插根繁殖法最为简便易行，生产中经常采用。扦插选择充分木质化的1年生萌条作插条。分蘖能使植株产生不定芽，萌发后成为根蘖苗。留根是植株干基有萌芽能力、干形不好的可采取截干留茬，选留健壮芽条培育成大苗。

园林用途 树干通直高大，春季嫩叶紫红色，秋季红果满树，是良好的观赏树和行道树。可孤植、丛植或与其它树种混栽，适宜于工厂、矿区等绿化。 在印度、英国、法国、德国、意大利、美国等常常作为行道树，颇受赞赏而成为天堂树。

1
2

1. 果序
2. 散植绿地

富贵榕

Ficus benghalensis

桑科榕属

形态特征 株高可达30m，枝干易生气根，体内有白色乳液。叶椭圆形，先端尖，全缘，厚革质，叶片上散布淡黄色斑块，绿白相间。

分布习性 原产于印度和马来西亚等地；我国华南地区有引种栽培。生性强健，生长缓慢，性喜高温多湿，耐旱抗瘠。

繁殖栽培 常见的繁殖方法有扦插繁殖，也可播种或高压繁殖。用当年生的枝条进行嫩枝扦插，或于早春用上一年生的枝条进行老枝扦插。

园林用途 常绿乔木。叶色斑驳、绿白相间，远观是花，近看是叶，可独放迎宾室或置于绿叶丛中观赏。也可用于庭院中，协调红花绿叶。

1	3	
2	4	5

1. 富贵榕
2. 斑斓的叶片
3、4、5. 美化街道、建筑

枫　香

Liquidambar formosana

金缕梅科枫香属

形态特征　落叶乔木，高达30m，胸径最大可达1m，树皮灰褐色，方块状剥落；小枝干后灰色，被柔毛，略有皮孔；芽体卵形；叶薄革质，阔卵形，掌状3裂，中央裂片较长，先端尾状渐尖；两侧裂片平展；基部心形；上面绿色。蒴果下半部藏于花序轴内，有宿存花柱及针刺状萼齿。种子多数，褐色，多角形或有窄翅。

分布习性　分布于我国秦岭及淮河以南各地，北起河南、山东，东至台湾，西至四川、云南及西藏，南至广东。越南北部、老挝及朝鲜南部亦见分布。生于海拔220～2000m之丘陵及平原或山地常绿阔叶林中。性喜温暖湿润气候，喜光，幼树稍耐阴，耐干旱瘠薄土壤，不耐水涝。种子有隔年发芽的习性，不耐寒，不耐盐碱及干旱。

繁殖栽培　以播种繁殖育苗；可冬播，也可春播。冬播较春播发芽早而整齐。播种后覆土，可用筛子筛一些细土覆盖在种子上，以微见种子为度，并在其上覆一层稻草。也可不覆土，直接在播种后的苗床上覆盖稻草或茅草，用棍子将草压好，以防风吹。苗木出土前要做好保护工作，以防鸟兽危害。

园林用途　树干通直，树体雄伟，秋叶红艳，散植、丛植、群植均相宜。山边、池畔以枫香为上木，下植常绿灌木，间植槭类。入秋时节则层林尽染，是南方著名的秋色叶树种；亦可孤植或丛植于草坪、旷地，并配以银杏、无患子等秋叶变黄树种，使秋景更为丰富灿烂。

1
2
3

1. 叶片
2. 枫香景观
3. 在绿地中的秀丽树姿

黑叶橡胶榕

Ficus elastica 'Decora burgundy'

桑科榕属

形态特征 常绿乔木。枝干易生气根，体内有白色乳液。叶椭圆形，先端尖突，厚革质，幼芽红色，渐变成深褐红色。

分布习性 原产印度、马来西亚等亚洲热带地区；我国华南地区有引种栽培。喜温暖、明亮且湿度较大的环境条件。

繁殖栽培 常用压条法繁殖，扦插不易生根。夏季直射光下，叶片上的黄斑极易产生焦黄现象。在高温干旱季节应遮阴并经常浇水，保持盆土湿润。入冬后则应控制水分，盆土不宜过湿。

园林用途 叶片色深，光亮醒目。是常见的庭园观赏树及行道树；也可盆栽摆设室内厅堂。具良好的景观效果。

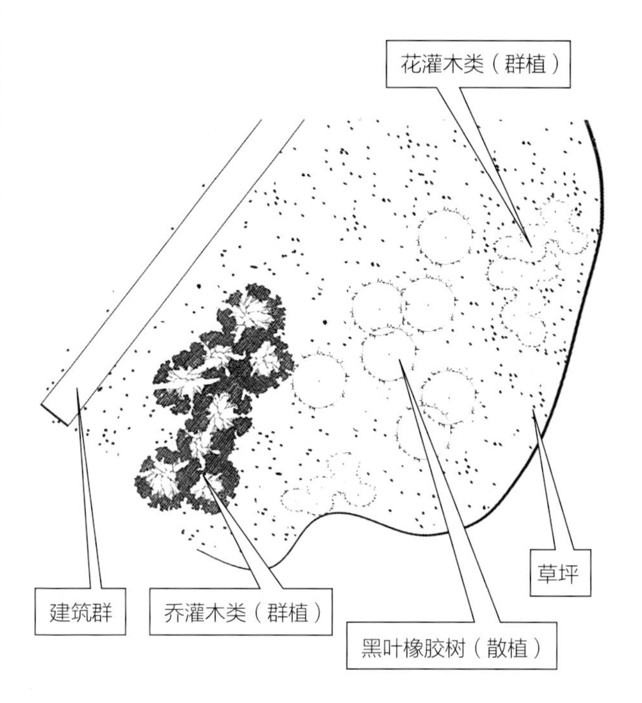

1
2

1. 植于路旁
2. 黑叶橡胶榕

花斑垂叶榕

Ficus benjamina ‘Variegata’

桑科榕属

形态特征 常绿乔木，株高可达十数米，枝干易生气根，小枝弯垂状。叶椭圆形，叶缘微波状，先端尖。其叶面、叶缘具乳白色斑块。

分布习性 原产于我国广东、海南、广西、云南、贵州。尼泊尔、不丹、印度、缅甸、泰国、越南、马来西亚、菲律宾、巴布亚新几内亚、所罗门群岛、澳大利亚北部也有分布。

繁殖栽培 以扦插进行繁殖。扦插宜于春末夏除温度较高时进行，剪取10～15cm长的枝条作插穗。插入介质后，保持湿润并在25～30℃及半阴条件下，一个月左右可生根。其斑叶品种的生长较慢，从扦插至长大成株需要较长时间，故常见大株都以榕树作砧木进行高位切接培育而成。

园林用途 姿形优美，树冠茂盛，斑叶累累，耀眼醒目。既可孤植或散植于庭院，也可盆栽摆设于室内厅堂，其景观效果甚好。

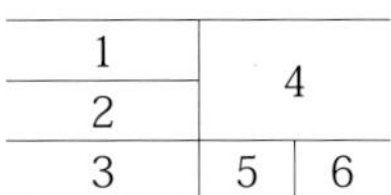

<table>
<tr><td>1</td><td colspan="2" rowspan="2">4</td></tr>
<tr><td>2</td></tr>
<tr><td>3</td><td>5</td><td>6</td></tr>
</table>

1. 斑斓的枝叶
2、3. 修剪的树冠造型
4. 散植于草地上
5、6. 似盆景般的树姿，精致美观

黄金香柳

Melaleuca bracteata

桃金娘科白千层属

形态特征 常绿乔木，高可达6～8m，主干直立，枝条密集细长柔软，嫩枝红色；新枝层层向上扩展，叶互生，叶片革质，披针形至线形，具油腺点，金黄色。穗状花序，花瓣绿白色。花期春季。

分布习性 原产新西兰、荷兰等濒海国家和地区，现我国南方大部分地区均有栽培。性喜光，具有顽强的生命力，抗盐碱、抗水涝、抗寒热、抗台风。

繁殖栽培 可采用嫩枝扦插、高空压条法进行繁殖。通常以嫩枝扦插比较多，采条、扦插选择当年生发育充实的半成熟、生长健壮且没有病虫害的枝条作插穗。为避免水分蒸发，可在清晨采条。一般在4～8月雨水多，且夜温不会太低的时候进行。扦插后注意使扦插介质保持湿润状态。一般来说，为保证移植成活率，忌裸根移植，多用带土球的方法移植。

园林用途 主干直立，枝条密集，细长柔软，层层向上，形成锥形，嫩枝红色，树姿优美，芳香宜人；随风飘逸，四季金黄，经冬不凋。为湿地、海滨绿化的优良树种；片植、列植于公园、风景区等处，园林景观甚佳。

1
2

1. 嫩绿的枝叶惹人喜爱
2. 列植成景，美丽动人

黄连木

Pistacia chinensis

漆树科黄连木属

形态特征 落叶乔木，高达20m；树干扭曲，树皮暗褐色，呈鳞片状剥落，幼枝灰棕色，具细小皮孔，疏被微柔毛或近无毛。奇数羽状复叶互生，有小叶5～6对，叶轴具条纹，被微柔毛，叶柄上面平，被微柔毛；小叶对生或近对生，纸质，披针形或卵状披针形或线状披针形。花单性异株，先花后叶，圆锥花序腋生，雄花序排列紧密；雌花序排列疏松，花小；核果倒卵状球形，略压扁，成熟时紫红色，干后具纵向细条纹，先端细尖。

分布习性 原产于我国长江以南各地及华北、西北等地区。菲律宾亦有分布。生于海拔140～3550m的石山林中。性喜光，幼时稍耐阴。喜温暖，畏严寒。对土壤要求不严，微酸性、中性和微碱的沙质、黏质土均能适应。深根性，耐干旱贫瘠；主根发达，抗风力强。对二氧化硫、氯化氢和煤烟的抗性较强。

繁殖栽培 主要有播种和扦插两种。播种有冬播和春播，冬播应在土地上冻前进行（11月份左右），播后浇一次封冻水；春播应在土壤解冻后至3月底前进行，早播比晚播好。冬播种子不必处理，而春播必须进行种子处理。冬季沙藏处理，上冻前将黄连木种子与湿沙1:2混合后，堆放在背风向阳处，然后用塑料布盖严压实，防止水分散失。春季播种前可适当薄摊（15cm左右），搭建农膜棚进行催芽处理，每日上下翻搅一次，使上下受热均匀、发芽一致。当50%以上种子开裂后即可播种。

园林用途 其树冠浑圆，枝叶繁茂秀丽，早春红色嫩叶有香味，入秋变成深红色或橙黄色。宜作为庭荫树、行道树及山林风景树。配植于草坪、坡地、山谷或于山石、亭阁之旁，园林景观效果甚佳。

1. 黄连木景观
2. 丛植于草地

胡　杨

Populus euphratica

杨柳科杨属

形态特征　落叶乔木，高10～15m。树皮淡灰褐色，下部条裂；萌枝细，圆形，光滑或微有茸毛。芽椭圆形，光滑，褐色。叶形多变化，卵圆形、卵圆状披针形、三角状卵圆形或肾形，先端有粗齿牙，基部楔形、阔楔形、圆形或截形。雄花序细圆柱形，花药紫红色，花盘膜质，边缘有不规则齿牙；蒴果长卵圆形。花期5月，果期7～8月。

分布习性　原产于我国内蒙古西部、甘肃、青海、新疆。也分布蒙古、俄罗斯、埃及、叙利亚、印度、伊朗、阿富汗、巴基斯坦等地。喜光、抗热、抗大气干旱、抗盐碱、抗风沙。主要分布在新疆，即北纬37°～47°之间的广大地区。多生于盆地、河谷和平原，在准噶尔盆地为250～600m，在伊犁河谷为600～750m，在天山南坡上限为1800m，在塔什库尔干和昆仑山上限为2300～2400m，塔里木河岸最常见。

繁殖栽培　主要用种子繁殖，插条难以成活。

园林用途　为绿化西北干旱盐碱地带的优良树种。

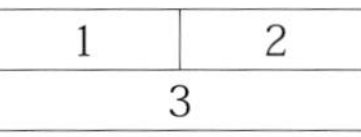

1. 枝叶
2. 胡杨的丰姿
3. 胡杨林美景

火炬树
Rhus typhina
漆树科盐肤木属

形态特征　落叶小乔木。奇数羽状复叶互生，长圆形至披针形。直立圆锥花序顶生，果穗鲜红色。果扁球形，有红色刺毛，紧密聚生成火炬状。果实9月成熟后经久不落。

分布习性　原产北美；我国1959年由中国科学院植物研究所引种，1974年以来向全国各地推广。以黄河流域以北栽培较多，主要用于荒山绿化兼作盐碱荒地风景林树种。

繁殖栽培　以播种、分蘖和插根均可，繁殖栽培容易。秋季种子成熟后，采集果穗，暴晒脱粒，随即层积沙藏到翌春播种；春季将出土的萌蘖苗与母根切断分栽，成活率达90%以上，当年苗高可达1.5m左右。根插是把残根收集剪短20cm左右，春季扦插，出苗率可达90%以上。

园林用途　树姿洒脱，树叶秋后变红，十分壮观；可散植于公园、社区庭院绿地，也可片植于风景区、郊外公园，均具良好的景观效果。

1	2
3	
4	

1. 花序
2. 孤植于庭前
3. 丛植景观
4. 良好的美化树种

鸡爪槭

Acer palmatum

槭树科槭属

形态特征 落叶小乔木。树皮深灰色。小枝细瘦；当年生枝紫色或淡紫绿色；多年生枝淡灰紫色或深紫色。叶纸质，外貌圆形，基部心脏形或近于心脏形稀截形，5～9掌状分裂，通常7裂，裂片长圆卵形或披针形，先端锐尖或长锐尖，边缘具紧贴的尖锐锯齿；裂片间的凹缺钝尖或锐尖，深达叶片直径的1/2或1/3；上面深绿色，无毛；下面淡绿色，在叶脉的脉腋被有白色丛毛；主脉在上面微显著，在下面凸起。花紫色，杂性，雄花与两性花同株，生于无毛的伞房花序。翅果嫩时紫红色，成熟时淡棕黄色；小坚果球形。花期5月，果期9月。

分布习性 主要分布在中国亚热带，特别是长江流域，全国大部分地区均有栽培。朝鲜和日本也有分布。性喜湿润、温暖的气候和凉爽的环境，较耐阴、耐寒，忌烈日暴晒，但春、秋季也能在全光照下生长。对土壤要求不严，适宜在肥沃、富含腐殖质的酸性或中性沙壤土中生长，不耐水涝。

繁殖栽培 用种子和嫁接繁殖。一般原种用播种法繁殖，而园艺变种常用嫁接法繁殖。10月采收种子后即可播种，或用湿沙层积至翌年春播种。当年苗高30～50cm。移栽要在落叶休眠期进行，小苗可裸根移，但大苗要带土球移。在其砧木生长最旺盛时嫁接。小苗须经过2～3次移植。移植在落叶后至萌动前进行，需带宿土。嫁接可用切接、靠接及芽接等法。

园林用途 广泛用于园林绿地及庭院作观赏树，以孤植、散植为主，也与景石配植，观赏效果甚佳。古曰：丹叶顺时别枝去，来年满岭又枫红。

同属种及品种 美国红枫 *Acer rubrum*，落叶大乔木。生长较快，成年高树12～18m，冠幅12m，能适应多种范围的土壤类型生长。春天开花，花红色。因其秋季色彩夺目，树冠整洁，被广泛应用于公园、小区、街道栽植，既可以园林造景又可以做行道树，是绿化城市的理想珍稀树种之一。原产美国东海岸，主要分布于美国北部以及加拿大大部分地区。

日本红枫 *Acer palmatum atropurpureum* 是日本红色系鸡爪槭的通称，它的主要品种有红叶鸡爪槭、紫叶鸡爪槭 *Acer palmatum* f. *atropurpureum*和血红鸡爪槭。'安卡'鸡爪槭 *Acer palmatum* 'Akane'，其品种从美国引进，植于庭园、公园、风景区绿地，景观效果甚佳。

1	4	
2		
3	5	6

1. 叶片
2. 丛植于半岛畔
3. ‘安卡’鸡爪槭
4. 丛植路旁
5. 鸡爪槭
6. 红叶丰富了景观

锦叶榄仁

Terminalia mantaly

使君子科榄仁树属

形态特征 落叶乔木，干直立，株高可达15m。树冠呈伞形，层次分明，质感轻细；树皮浅褐色，遍布浅色的点状短线条；枝短且呈自然分层，轮生于主干四周，蓬勃向上，层次分明有序。叶互生，常聚集于小枝之顶；叶片呈倒阔披针形或长倒卵形，叶片外缘为淡金黄色，约占叶面1/2，叶中央为浅绿色，具乳白或乳黄色斑，新叶呈粉红色。花两性或单性，有小苞片，组成疏散的穗状花序或总状花序；核果扁平，有种子1颗。

分布习性 原产于东非马达加斯加岛；我国广东、香港、台湾、广西、福建、海南均有栽植。系小叶榄仁突变种。性喜光、喜温暖湿润气候；且耐热、耐旱、耐风、耐瘠薄，土质以壤土或沙质壤土为佳，排水、光照需良好。抗污染，适应性极强。

繁殖栽培 可播种繁殖，春至夏季播种；也可嫁接，砧木选用榄仁树，早春嫁接。

园林用途 树姿优美，枝干挺拔，层次分明，风格独特；叶丛生枝顶，叶具乳白或乳黄色斑，新叶呈粉红色。叶色变化大，是北回归线以南地区唯一层生型彩叶乔木，常用于作庭园树、行道树。

<table>
<tr><td>1</td><td>4</td><td>5</td></tr>
<tr><td>2</td><td colspan="2" rowspan="2">6</td></tr>
<tr><td>3</td></tr>
</table>

1. 枝叶
2. 锦叶榄仁
3. 层次分明的枝片，风格独特
4、5、6. 锦叶榄仁在绿地中的景观

金脉刺桐

Erythrina variegata 'Parcellii'

蝶形花科刺桐属

形态特征 落叶小乔木。叶片叶脉处具金黄色条纹，与绿色叶肉对比鲜明，叶为三出复叶，小叶菱形或阔卵形。花为总状花序，鲜红色或橘红色，且密集于枝梢。

分布习性 分布于热带亚洲地区，系刺桐的变种。喜光照，喜高温，但具有较强的耐寒能力。

繁殖栽培 采用播种和扦插繁殖育苗。

园林用途 树形优美，叶脉金黄，是著名的观叶植物，适合种植于园林公共绿地。

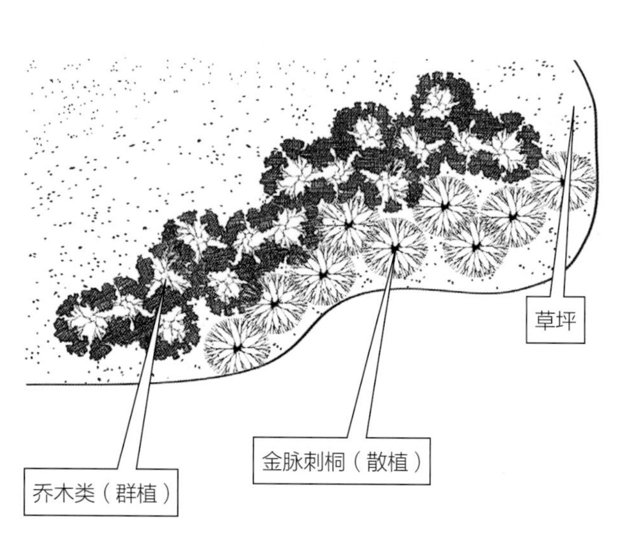

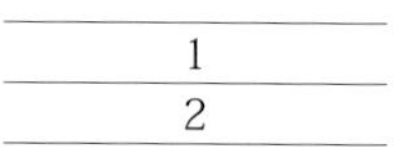

1. 林地景观
2. 叶片

昆士兰伞木

Schefflera macorostachya

五加科鹅掌柴属

形态特征 常绿乔木，高可达30～40m。茎干直立，少分枝，嫩枝绿色，后呈褐色，平滑。叶为掌状复叶，小叶数随树木的年龄而异，幼年时3～5片，长大时5～7片，至乔木状时可多达16片。小叶片椭圆形，先端钝，有短突尖，叶缘波状，革质，叶面浓绿色，有光泽，叶背淡绿色。叶柄红褐色。

分布习性 原产澳大利亚及太平洋中的一些岛屿；我国广东、福建、广西、海南等地均有栽培。喜温暖湿润、通风和明亮光照，适于排水良好、富含有机质的沙质壤土。

繁殖栽培 用播种与扦插繁殖。播种应随采随播，扦插在初夏结合修剪进行，将枝条剪成8～10cm长，带2～3节的茎段，扦插后1个月左右可生根。安全越冬温度8℃，应注意越冬期间的保暖工作。夏季忌阳光直射，适宜遮阳为30%～40%。烈日暴晒时叶片会失去光泽并灼伤枯黄；过阴时则会引起落叶。因生长量大，每月施1次肥料，并充分供应水分，保证盆土湿润，过干过湿都会引起树叶的脱落。生长期间应经常进行叶面喷雾，空气干燥叶片会褪绿黄化。

园林用途 叶片阔大，柔软下垂，形似伞状，株形优雅轻盈，适于客厅的墙隅与沙发旁边置放。

1	
2	3

1. 昆士兰伞木叶片阔大，冠形似伞
2. 丛植绿地
3. 叶片

面包树

Artocarpus altilis

桑科波罗蜜属

形态特征 常绿乔木，高10～15m；树皮灰褐色，粗厚。叶大，互生，厚革质，卵形至卵状椭圆形，长10～50cm，成熟之叶羽状分裂，两侧多为3～8羽状深裂，裂片披针形，先端渐尖，两面无毛，表面深绿色，有光泽，背面浅绿色，全缘，侧脉约10对；叶柄长8～12cm；托叶大，披针形或宽披针形，长10～25cm，黄绿色，被灰色或褐色平贴柔毛。花序单生叶腋，雄花序长圆筒形至长椭圆形或棒状，黄色；聚花果倒卵圆形或近球形，绿色至黄色，表面具圆形瘤状。

分布习性 原产太平洋群岛及印度、菲律宾，为马来群岛一带热带著名林木之一。我国台湾、海南、广东等地亦有栽培。阳性热带树种，生长快速；需强光，生育适温23～32℃，耐热、耐旱、耐湿、耐瘠，稍耐阴。

繁殖栽培 可用播种、压条、分蘖及根插法繁殖。种子可随采随播，半个月左右发芽，播种苗约需6～8年结果；压条采用高压法，可在5～7月选择2～3年生的健壮枝条环割或刻伤，然后用泥土包住伤口并用薄膜包裹，并浇透水，约3个月即可剪离母体定植。分蘖是将母树产生的分蘖苗挖出另栽，形成一个新的植株。根插一般不常采用。栽培应选择阳光充足的地方，并在定植穴内施足基肥，如土壤黏重则需进行加沙改良。在生长过程中，会产生少量萌蘖，如不需要用萌蘖苗进行繁殖，应及早剪除，以防消耗养分。土质肥沃，则生长迅速。

园林用途 其叶阔如扇，树冠浓郁，且果富含淀粉，烧烤后可食用，味如面包。适合列植、散植于公园、风景区作行道树，园林景观优美。

<table>
<tr><td>1</td><td colspan="2">3</td></tr>
<tr><td>2</td><td>4</td><td>5</td></tr>
</table>

1. 面包树叶阔如扇

2、3、4. 在绿地中，路旁列植，景观独特

5. 枝叶

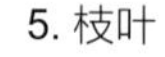

菩提树

Ficus religiosa

桑科榕属

形态特征 常绿大乔木，幼时附生于其它树上，高达15～25m；树皮灰色，平滑或微具纵纹，冠幅广展；小枝灰褐色，幼时被微柔毛。叶革质，三角状卵形，表面深绿色，光亮，背面绿色，先端骤尖，顶部延伸为尾状，基部宽截形至浅心形，全缘或为波状。榕果球形至扁球形。花期3～4月，果期5～6月。

分布习性 原产印度、缅甸、斯里兰卡；我国广东、广西、云南等地也有分布；但喜马拉雅山区，从巴基斯坦拉瓦尔品第至不丹均有野生。性喜高温多湿。

繁殖栽培 可用播种、扦插或压条繁殖。

园林用途 叶形奇特，树姿婆娑，为优美的观叶树种。

1	2
	3

1. 作行道树
2. 冠大荫浓的菩提树
3. 独植绿地中

秋 枫

Bischofia javanica

大戟科重阳木属

形态特征 常绿或半常绿大乔木，高达40m，胸径可达2.3m；树干圆满通直，但分枝低，主干较短；树皮灰褐色至棕褐色。三出复叶，稀5小叶；小叶片纸质，卵形、椭圆形、倒卵形或椭圆状卵形。花小，雌雄异株，多朵组成腋生的圆锥花序。果实浆果状，圆球形或近圆球形。花期4～5月，果期8～10月。

分布习性 分布于我国陕西、江苏、安徽、浙江、江西、福建、台湾、河南、湖北、湖南、广东、海南、广西、四川、贵州、云南等地。印度、缅甸、泰国、老挝、柬寨埔、越南、马来西亚、印度尼西亚、菲律宾、日本、澳大利亚也有分布。常生于海拔800m以下山地潮湿沟谷林中；幼树稍耐阴，喜水湿，为热带和亚热带常绿季雨林中的主要树种。

繁殖栽培 以播种繁殖为主。选用当年采收的种子，保存的时间越长，其发芽率越低；选用籽粒饱满、无残缺或畸形、无病虫害的种子。在深秋、早春或冬季播种后，遇到寒潮低温时，可用塑料薄膜把花盆包起来，以利保温保湿；幼苗出土后，要及时把薄膜揭开；大多数的种子出齐后，需要适当地间苗：把有病的、生长不健康的幼苗拔掉，使留下的幼苗相互之间有一定的空间；当大部分的幼苗长出了3片以上的叶子后，就可移栽。

园林用途 树叶繁茂，冠幅圆整，树姿壮观。宜作庭园树和行道树，也可在草坪、湖畔、溪边、堤岸栽植。

1	2
3	
4	

1. 秋枫
2. 枝叶
3. 在绿地中的景观
4. 宜作庭园树

三角槭

Acer buergerianum

槭树科槭属

形态特征　落叶乔木，高5～10m，稀达20m。树皮褐色或深褐色，粗糙。小枝细瘦；当年生枝紫色或紫绿色，近于无毛。叶纸质，基部近于圆形或楔形，外貌椭圆形或倒卵形，通常浅3裂，裂片向前延伸，稀全缘，中央裂片三角卵形。花多数常成顶生被短柔毛的伞房花序。翅果黄褐色；小坚果特别凸起。花期4月，果期8月。

分布习性　分布于我国山东、河南、江苏、浙江、安徽、江西、湖北、湖南、贵州和广东等地。日本也有分布。生于海拔300～1000m的阔叶林中。阳性树，稍耐阴，有一定的耐寒性，喜温暖湿润气候，适生于偏酸或中性土壤，在微碱性土中也可生长，较耐水湿。

繁殖栽培　以播种和扦插繁殖。播种前先要挑选籽粒饱满、没有残缺或畸形且没病虫害的种子。种子选得好不好，直接关系到播种能否成功。扦插常于春末秋初用当年生的枝条进行嫩枝扦插，或于早春用去年生的枝条进行老枝扦插。还可压条繁殖，选取健壮的枝条，从顶梢以下大约15～30cm处把树皮剥掉一圈，剥后的伤口宽度在1cm左右，深度以刚刚把表皮剥掉为限，上面放些淋湿的园土，像裹伤口一样把环剥的部位用薄膜包扎起来，薄膜的上下两端扎紧，中间鼓起，约4～6周后生根。生根后，把枝条连根系一起剪下，就成了一棵新的植株。

园林用途　树姿优雅，干皮美丽，春季花色黄绿，入秋叶片变红，是良好的园林绿化树种和观叶树种。用作行道或庭荫树以及草坪中点缀较为适宜。耐修剪，可盘扎造型，用作树桩盆景。

1
2
3

1. 果枝
2. 作行道树
3. 植于湖畔

石　楠

Photinia serrulata

蔷薇科石楠属

形态特征　常绿小乔木，高4～6m，有时可达12m；枝褐灰色，无毛；冬芽卵形，鳞片褐色，无毛。叶片革质，长椭圆形、长倒卵形或倒卵状椭圆形，先端尾尖，基部圆形或宽楔形，边缘有疏生具腺细锯齿，近基部全缘，上面光亮，幼时中脉有茸毛，成熟后两面皆无毛。复伞房花序顶生；花瓣白色，近圆形。果实球形；种子卵形。花期4～5月，果期10月。

分布习性　原产于我国陕西、甘肃、河南、江苏、安徽、浙江、江西、湖南、湖北、福建、台湾、广东、广西、四川、云南、贵州。日本、印度尼西亚也有分布。生于海拔1000～2500m；性喜温暖湿润的气候，抗寒力不强，气温低于-10℃会落叶；喜光也耐阴，对土壤要求不严，对烟尘和有毒气体有一定的抗性。

繁殖栽培　主要有播种和扦插两种。采用单体大棚扦插，大棚要盖上薄膜，外加遮阴网。棚内地面整平后建立地面扦插苗床。苗床底部铺一层细沙以利排水，扦插基质可用蛭石加泥炭，或用洁净的黄心土加细沙。苗床及基质要用杀菌剂和杀虫剂消毒，以防病虫害。3月上旬春插，6月上旬夏插，9月上旬秋插。插穗剪取半木质化的嫩枝或木质化的当年生枝条，剪成一叶一芽，长度约3～4cm，切口要平滑。树苗移栽的时间一般在春季3～4月和秋季10～11月，要结合当地气候条件来决定。

园林用途　树冠圆整，叶片光绿，初春嫩叶紫红，春末白花点点，秋日红果累累，极富观赏价值，是著名的庭院绿化树种。

同属植物　光叶石楠 *Photinia glabra*，常绿小乔木，枝黑灰色具散生皮孔，叶革质，两面光滑无毛，螺旋状着生，叶片小；花瓣基部具爪，果红色光亮。

红叶石楠（*Photinia × fraseri*）是石楠属杂交种的统称，为常绿小乔木。单叶轮生，叶披针形到长披针形，新梢及嫩叶鲜红色，老叶革质，叶表深绿具光泽，叶背绿色，光滑无毛。顶生伞房圆锥花序，小花白色，花期4月上旬至5月上旬。

1. 红叶石楠
2. 散植于庭园

乌 桕

Sapium sebiferum

大戟科乌桕属

形态特征 落叶乔木，高可达15m；树皮暗灰色，有纵裂纹。叶互生，纸质，叶片菱形、菱状卵形或稀有菱状倒卵形，顶端骤然紧缩具长短不等的尖头，基部阔楔形或钝，全缘。花单性，雌雄同株；种子扁球形，黑色。花期4～8月。

分布习性 主要分布于我国黄河以南各地，北达陕西、甘肃。日本、越南、印度也有分布；此外，欧洲、美洲和非洲亦有栽培。性喜光，喜温暖气候及深厚肥沃而水分丰富的土壤，不耐寒。

繁殖栽培 以播种为主，也可用嫁接。当果壳呈黑褐色时即可采种，暴晒脱粒，取净干藏。冬春均可播种。

园林用途 入秋叶红，不亚丹枫，绚丽诱人。适合配植于池畔、江边、草坪中央或边缘，混植林内，红绿相间，尤觉可爱。若成片栽植坡谷，秋时霜叶满谷，灿烂若霞；或植于园林建筑角隅，衬以白墙，亦具特色。

同属植物 圆叶乌桕 *Sapium rotundifolium*，落叶乔木，高3～12m；叶互生，厚，近革质，叶片近圆形。蒴果近球形。花期4～6月。

1. 叶片
2. 高大潇洒的树姿

香 椿

Toona sinensis

楝科香椿属

形态特征 落叶乔木；树皮粗糙，深褐色，片状脱落。叶具长柄，偶数羽状复叶，小叶16～20片，对生或互生，纸质，卵状披针形或卵状长椭圆形，先端尾尖，基部一侧圆形，另一侧楔形，不对称，边全缘或有疏离的小锯齿，两面均无毛，无斑点，背面常呈粉绿色。圆锥花序与叶等长或更长，被稀疏的锈色短柔毛或有时近无毛，小聚伞花序生于短的小枝上，多花；花瓣白色。蒴果狭椭圆形，深褐色。花期6～8月，果期10～12月。

分布习性 分布于我国华北、华东、中部、南部和西南部各地；各地也广泛栽培。朝鲜也有分布。喜光，喜温，较耐湿，多生长于河边、道旁或宅院周围肥沃湿润的沙壤土中。

繁殖栽培 采用种子和根蘖繁殖育苗。

园林用途 树形美观，初春嫩叶鲜红，秋日果实累累，是著名的庭院绿化树种。

<table>
<tr><td>1</td><td rowspan="2">3</td></tr>
<tr><td>2</td></tr>
<tr><td colspan="2">4</td></tr>
</table>

1. 初春嫩叶
2. 枝叶
3. 果序
4. 树形美观的香椿

银 杏

Ginkgo biloba L.

银杏科银杏属

形态特征 落叶乔木，高达40m；幼树树皮浅纵裂，大树之皮呈灰褐色，深纵裂，粗糙；幼年及壮年树冠圆锥形，老则广卵形；枝近轮生，斜上伸展（雌株的大枝常较雄株开展）；1年生的长枝淡褐黄色，2年生以上变为灰色，并有细纵裂纹；短枝密被叶痕，黑灰色，短枝上亦可长出长枝；冬芽黄褐色，常为卵圆形，先端钝尖。叶扇形，有长柄，淡绿色，无毛；秋季落叶前变为黄色。球花雌雄异株。花期3～4月，种子9～10月成熟。

分布习性 系我国特产。朝鲜、日本及欧、美各国庭园均有栽培。喜光树种，深根性，对气候、土壤的适应性较宽，能在高温多雨及雨量稀少、冬季寒冷的地区生长，但生长缓慢或不良。

繁殖栽培 采用分株、扦插和嫁接繁殖育苗。分株在 2～3月间，从壮龄雌株母树根蘖苗中分离4～5株高100cm左右的健壮、多细根苗，移栽定植地。扦插选采当年生的短技，剪成长7～10cm小段，扦插在蛭石沙床上，间歇喷雾水，30天左右大部分插穗可以生根。嫁接以盛果期健壮枝条为接穗，用劈接法接在实生苗上。

园林用途 树形优美，春夏季叶色嫩绿，秋季变成黄色，颇为美观，可作庭园树及行道树。

1	2	4	5
3		6	7

1. 果
2. 叶
3. 秋色
4. 盆栽银杏
5、6、7. 银杏景观

紫叶李

Prunus cerasifera f.

蔷薇科李属

形态特征 落叶小乔木，树皮紫灰色，小枝淡红褐色，整株树干光滑无毛。单叶互生，叶卵圆形或长圆状披针形，先端短尖，基部楔形，缘具尖细锯齿，羽状脉5～8对，两面无毛或背面脉腋有毛，色暗绿或紫红，叶柄光滑多无腺体。花单生或2朵簇生，白色。核果扁球形，熟时黄、红或紫色，光亮或微被白粉。花叶同放，花期3～4月，果常早落。

分布习性 原产中亚及我国新疆天山一带，现北京以及山西、陕西、河南、江苏、山东、浙江、上海等地均有栽培。性喜光也稍耐阴，抗寒，适应性强，以温暖湿润的气候环境和排水良好的沙质壤土最为有利。怕盐碱和涝洼。浅根性，萌蘖性强，对有害气体有一定的抗性。

繁殖栽培 以播种、扦插、嫁接繁殖。可播种繁殖，但繁殖量受限；扦插选取1～2年生、健康粗壮的枝条，在落叶后扦插繁殖；嫁接的砧木多选用毛桃树、杏树，嫁接苗树皮较为粗糙。还可压条繁殖。

园林用途 在园林绿化中，可孤植、丛植、群植或片植，与建筑、其它植物成丛地点缀，既丰富了景观色彩，又活跃了园林气氛。也可列植于街道、花坛、建筑物四周，公路两侧等。

1
2

1. 群植绿地
2. 列植路旁

紫锦木

Euphorbia cotinifolia

大戟科大戟属

形态特征 常绿乔木，高13～15（19）m，直径12～17cm。叶3枚轮生，圆卵形，先端钝圆，基部近平截；边缘全缘；两面红色。花序生于二歧分枝的顶端；总苞阔钟状。蒴果三棱状卵形，光滑无毛。种子近球状。

分布习性 原产热带美洲；我国福建、台湾、广东、云南等地均有栽培。喜阳光充足、温暖、湿润的环境。

繁殖栽培 可以播种、扦插、压条或分株繁殖，一般于春、夏季进行。

园林用途 叶色绛红，姿形优美，丛植、散植于公园、风景区、社区庭院等处，园林景观效果极佳；也可露地栽培或盆栽。

1	
2	
3	4

1. 枝叶
2. 丛植景观
3、4. 点缀绿地

中华槭
Acer sinense
槭树科槭属

形态特征 落叶乔木，高3～5m。树皮平滑，淡黄褐色或深黄褐色。小枝细瘦，无毛。冬芽小。叶近于革质，基部心脏形或近于心脏形，常5裂；裂片长圆卵形或三角状卵形，先端锐尖；裂片间的凹缺锐尖，深达叶片长度的1/2，上面深绿色，无毛，下面淡绿色，有白粉；主脉在上面显著，在下面凸起，侧脉在上面微显著，在下面显著；叶柄粗壮。花杂性，雄花与两性花同株，多花组成下垂的顶生圆锥花序；花瓣5，白色，长圆形或阔椭圆形。翅果淡黄色，无毛，常生成下垂的圆锥果序。花期5月，果期9月。

分布习性 分布于我国陕西、甘肃、湖北、湖南、广西、四川、贵州、云南等地。也分布于亚洲、欧洲、北美洲和非洲北部。生于海拔1200～2000m的混交林中。

繁殖栽培 一般用播种繁殖。秋天果熟后采收，晾晒去翅后，即可秋播，也可以藏至翌年春播。幼苗怕晒，需适当遮阴，当年苗高30～50cm。移栽要在落叶、休眠期进行，小苗可裸根移，但大苗要带土球移植。

园林用途 树姿洒脱，入秋叶片由黄变红，是良好的重阳节观叶树种。广泛用于园林绿地及庭院作观赏树，以孤植、散植、片植为宜，颇具“看万山红遍，层林尽染”之意境，园林景观甚佳。

同属植物 漾濞槭 *Acer yangbiense*，仅在云南省大理州漾濞县境内、苍山西坡一个有13户家庭的小山村附近发现残存的4株，其中有两株能开花结实，属中国极度濒危植物。

1	
2	3
4	

1. 秋叶
2. 春叶
3. 漾濞槭叶
4. 漾濞槭丛植于园路旁

6 第六章 赏花类乔木

凹叶厚朴

Magnolia officinalis subsp. *biloba*

木兰科木兰属

形态特征 落叶乔木，高达20m；树皮厚，褐色，不开裂。叶大，近革质，7～9片聚生于枝端，长圆状倒卵形，先端具短急尖或圆钝，基部楔形，全缘而微波状。花白色，芳香；雌蕊群椭圆状卵圆形。聚合果长圆状卵圆形；种子三角状倒卵形。花期5～6月，果期8～10月。

分布习性 原产于我国陕西、甘肃、河南、湖北、湖南、四川、贵州；广西、江西及浙江也有栽培。生于海拔300～1500m的山地林间。喜生于温凉、湿润、酸性、肥沃而排水良好的沙质土壤上

繁殖栽培 以种子繁殖，也可用压条和扦插繁殖。10月份采下果鳞露出红色的种子，选大果、种子饱满无病虫害者留种用。混拌粗沙，除去红色蜡质，反复揉搓，趁种鲜播种、育苗。扦插在2月选径粗1cm左右的1～2年生枝条，剪成约20cm的插条，插于苗床中，苗期管理同种子繁殖，翌年移栽。

园林用途 叶大荫浓，花大美丽，可作绿化观赏树种。

1. 花
2. 列植于绿地

澳洲火焰木

Brachychiton acerifolius

梧桐科瓶干树属

形态特征 又名槭叶瓶干树。常绿乔木（原产地为落叶乔木），主干通直，冠幅较大，树形有层次感，株形立体感强。叶片宽大，互生，掌状裂叶7～9裂，裂片再呈羽状深裂，先端锐尖，革质；圆锥花序。花的形状像小铃钟或小酒瓶，先叶开放，量大而红艳，一般可维持1个多月。蓇果，长圆状菱形，果瓣赤褐色，近木质。开花时间为4～7月，花色艳红。

分布习性 原产澳大利亚；我国广东、海南、台湾等地也有栽培。性喜湿润、强光，以湿润排水良好的土壤最佳，沙质土亦可；可耐-4℃低温，抗病性强，虫害较少，易移植。

繁殖栽培 以扦插繁殖育苗。选择健康枝条切段扦插，可采用生根促进剂先处理枝条，促其生根。苗木移栽时，起苗应在土壤湿润的状态下进行，起苗前3小时充分洒水，使湿润的土附在根群上，避免根群受伤。需做到边起边栽，勿使其长期暴露于强光下。如需长途运输，苗木根部要打稀泥浆，并用塑料袋包紧。整个地块栽完后，及时灌水。

园林用途 观花乔木，花色红艳，树形十分优美，整株成塔形或伞形，叶形优雅，四季葱翠美观，春夏开花，花开满树，色彩鲜红，是一种相当好的观赏树种。适合作行道树、庭院树等。

1		
2	3	4

1. 散植于绿地
2. 庭园绿化
3. 花序
4. 叶

白玉兰

Magnolia denudata

木兰科木兰属

形态特征 落叶乔木；叶互生。花先叶开放，直立，钟状，芳香，碧白色，有时基部带红晕。聚合果，种子心脏形，黑色。果穗圆筒形，褐色；蓇葖果，成熟后开裂，种红色。3月开花，6～7月果熟。

分布习性 分布于我国中部及西南地区，现世界各地均已引种栽培。性喜光，较耐寒，可露地越冬。爱干燥，忌低湿，栽植地渍水易烂根。喜肥沃、排水良好而带微酸性的沙质土壤，在弱碱性的土壤上亦可生长。

繁殖栽培 可用播种、扦插、压条及嫁接等法繁殖。播种主要用于培养砧木。嫁接以实生苗作砧木，行劈接、腹接或芽接。扦插可于6月初新梢之侧芽饱满时进行。播种或嫁接的幼苗，需重施基肥、控制密度，3～5年可见稀疏花蕾。定植后2～3年，进入盛花期。

园林用途 先花后叶，洁白雅致，清香袭人，早春开花时犹如雪涛云海，蔚为壮观。古常配置于厅前院后，名为“玉兰堂”。亦可在庭园路边、草坪角隅、亭台前后或漏窗内外、洞门两旁等处种植，孤植、对植、丛植或群植均可。景观效果极佳。

1	2
	3

1. 花
2. 美化庭园
3. 满树白花，清香袭人

串钱柳

Callistemon viminalis

桃金娘科红千层属

形态特征 常绿小乔木。其嫩枝圆柱形，有丝状柔毛。叶片革质，线状披针形，先端渐尖或短尖，基部渐狭，两面均密生有黑色腺点，侧脉纤细，锐角开出，边脉清晰可见。穗状花序稠密，花序轴有丝毛；花瓣膜质，近圆形，淡绿色。蒴果碗状或半球形。花期3～10月，果期7～10月。

分布习性 原产澳大利亚的新南威尔士及昆士兰；我国广东、福建、台湾等地普遍栽培。喜暖热气候，能耐烈日酷暑，不耐阴，喜肥沃潮湿的酸性土壤，也能耐瘠薄干旱的土壤。

繁殖栽培 以播种繁殖为主，也可扦插繁殖。播种繁殖因种子极细小，要采取小粒种子播种方法。大约播后10天发芽，当苗高3cm时即可移栽。实生苗移栽后45天开花。扦插繁殖宜在6～8月间进行，插穗采用半成熟枝条，其基部稍带前1年生的成熟技。插床搭荫棚，并保持环境湿润。

园林用途 串钱柳干形曲折苍老,小枝密集成丛。叶似柳而终年不凋，花艳丽而形状奇特。适作行道树、园景树。庭园、校园、公园、游乐区、庙宇等均可单植、列植、群植美化。尤适于水池斜植，甚美观。树姿飘逸，形同垂柳，又有红色花序相映衬，故别具一格。

1	
2	
3	4

1、2. 串钱柳在公园中的景观

3. 池边列植，树姿飘逸

4. 花序

刺　桐

Erythrina variegata

蝶形花科刺桐属

形态特征　落叶大乔木，高可达20m。树皮灰褐色；羽状复叶具3小叶，常密集枝端；托叶披针形，早落；叶柄通常无刺；小叶膜质，宽卵形或菱状卵形。总状花序顶生，上有密集、成对着生的花；总花梗木质，花萼佛焰苞状，口部偏斜，一边开裂；花冠红色，旗瓣椭圆形，先端圆，瓣柄短；翼瓣与龙骨瓣近等长；荚果黑色；种子暗红色。花期3月，果期8月。

分布习性　原产热带亚洲，即印度、马来西亚、印度尼西亚、柬埔寨、老挝等；我国福建、广东、广西、海南、台湾、浙江、贵州、四川、江苏等地均有栽培。性喜温暖湿润、光照充足的环境，耐旱也耐湿，对土壤要求不严；不甚耐寒。

繁殖栽培　以扦插为主，也可播种。扦插于4月间选择1～2年生，生长充实、健壮的枝条插入沙土中。插后要注意浇水保湿，极易生根成活。在露地栽培中，幼龄树应注意修剪，以养成圆整树形。

园林用途　刺桐花美丽，适合单植于草地或建筑物旁，可供公园、绿地及风景区美化，又是公路及市街的优良行道树。

1. 丛植路旁
2. 花序
3. 群植景观

大花紫薇

Lagerstroemia speciosa

千屈菜科紫薇属

形态特征 落叶大乔木，高可达25m；树皮灰色，平滑。叶革质，矩圆状椭圆形或卵状椭圆形，稀披针形，顶端钝形或短尖，基部阔楔形至圆形；花淡红色或紫色，花瓣近圆形至矩圆状倒卵形。蒴果球形至倒卵状矩圆形。花期5～7月，果期10～11月。

分布习性 分布于斯里兰卡、印度、马来西亚、越南及菲律宾；我国广东、广西及福建有栽培。

繁殖栽培 用播种、扦插和高压繁殖。种子12月份成熟，忌暴晒，稍晾干后即混干沙储藏。春秋季为播种适期。取出成熟种子浸种4～6小时后播入湿润土中，种子发芽温度要求在20℃以上。以3月中下旬播种为宜。幼苗质嫩，冬季注意防晒。扦插繁殖，插枝取1～2年生强健枝条，剪成约15cm一段，春末萌芽前扦插。高压繁殖宜在生长期进行。

园林用途 树冠广阔如盖，遮荫效果佳；花大密集，且花期长，色泽鲜艳，可做行道树或短桩盆栽。也适于公园、庭院、湖畔等多处种植。

1. 花序
2. 散植于草地
3. 列植池畔

杜鹃红山茶

Camellia azalea

山茶科山茶属

形态特征 常绿小乔木。高1～2m，树体呈矮冠状。树皮灰褐色，枝条光滑，嫩梢红色。叶革质，倒卵形，两端微尖，叶脉不明显，厚实，光亮碧绿，边缘平滑，不开裂。花瓣狭长，花丝红色，花药金黄色，花朵密生，整体丰满，四季开花不断；5月中旬始花，盛花期是7～9月份，持续至次年2月。

分布习性 主要分布于我国云南、广西、广东、四川，野生数量稀少。

繁殖栽培 以播种、扦插、压条、嫁接繁殖，在实际生产中多采取扦插法。而嫁接的成活率已达90%，枝条扦插的成活率也可达40%。

园林用途 花朵密生，色彩艳丽，整体丰满，四季开花，连绵不断，即便冬季，也依然红花满树。可丛植、散植于公园、风景区、社区庭院，景观效果尤佳。

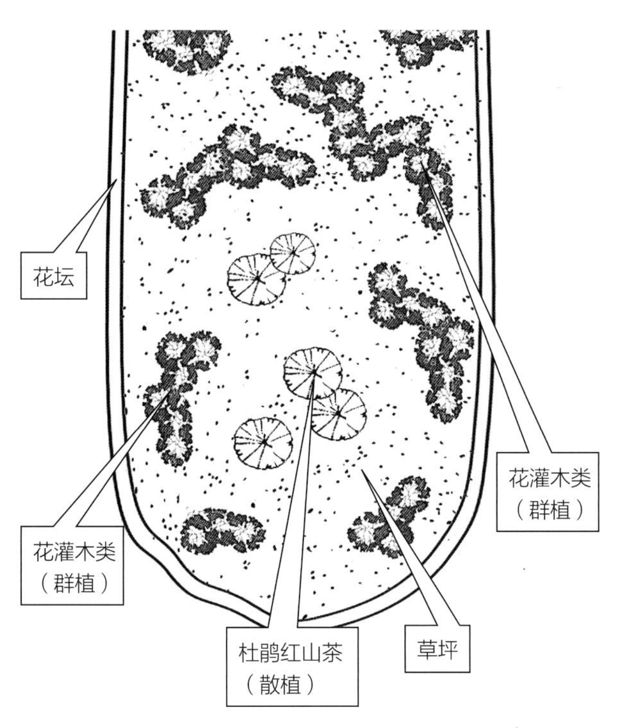

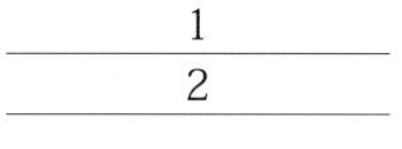

1. 散植于绿地
2. 花丛

鹅掌楸

Liriodendron chinense

木兰科鹅掌楸属

形态特征　落叶乔木，树高达40m。叶互生，每边常有2裂片，背面粉白色；叶形如马褂，顶部平截，犹如马褂的下摆；叶片的两侧平滑或略微弯曲，好像马褂的两腰；叶片的两侧端向外突出，仿佛是马褂伸出的两只袖子。花单生枝顶，花被片9枚，外轮3片萼状，绿色，内二轮花瓣状黄绿色，基部有黄色条纹。聚合果纺锤形，小坚果有翅。花期5月，果期9～10月。

分布习性　原产于我国陕西、安徽、浙江、江西、福建、湖北、湖南、广西、四川、贵州、云南，台湾有栽培；越南北部也有分布。生于海拔900～1000m的山地林中。性喜光及温和湿润气候，有一定的耐寒性。

繁殖栽培　以播种和扦插育苗。3月上旬播种，采用条播；播后覆盖细土并覆以稻草。一般经20～30天出苗，之后揭草，注意及时中耕除草，适度遮阴，适时灌水施肥。1年生苗高可达40cm。3月上中旬进行栽植。庭园绿化和行道树栽培应选择土壤深厚、肥沃、湿润的地段。

园林用途　树形端正，叶形奇特，花淡黄绿色，美而不艳；深秋叶呈黄色，很美丽，可孤植或群植于公园、风景区草坪上。是优美的庭荫树和行道树种。

同属植物　北美鹅掌楸 *Liriodendron tulipifera*，株高可达30m。树型高大，呈卵圆形。叶较宽短，侧裂较浅，叶端常凹入，秋季叶片为灿烂的黄色。花朵为橘黄色，独特的郁金香形状。

1
2

1. 端庄的树姿
2. 叶似马褂

粉花山扁豆

Cassia nodosa

苏木科决明属

形态特征 半落叶乔木，树高可达10m以上，主干不通直，树冠向四周伸展。一回偶数羽状复叶，互生，初期总叶柄两侧各具一肾形托叶，后脱落；小叶对生或近对生，6～14对，长椭圆形，全缘，羽状脉，薄革质，叶面深绿色，叶背灰绿色。花为总状花序合成大圆锥花序，顶生于成熟枝条上，两性花，左右对称，花瓣5，近相等，粉红至粉白色；5～9月开花。

分布习性 原产热带亚洲和夏威夷群岛；我国云南西双版纳、海南、广西南宁、宁明等地均有栽培。喜阳光充足，土层深厚肥沃、排水良好的酸性土，生长良好。

繁殖栽培 常用种子繁育。在4～5月间，荚果成熟即可采种。种子可随播或晒干袋藏于5～10月播种。当苗高达1.5m以上，地径2cm以上即可出圃移植。

园林用途 其主干通直，枝条多向四周自然伸展下垂，树冠圆整广阔，遮阴效果好。初春时节，吐露出娇嫩绿色的幼芽淡雅质朴，显得清新自然；春夏盛开粉红色花，覆盖整个冠幅，艳丽悦目，更加柔和可爱；冬春季挂果累累，形如腊肠，婆娑多姿，令人陶醉。可丛植、孤植于庭园内、公园、水滨等处，荫美并备。也是优良的行道树种。

1	2
3	

1. 枝叶
2. 花序
3. 植于绿地，树姿婆娑

凤凰木

Delonix regia

苏木科凤凰木属

形态特征　落叶乔木，高10～20m。二回羽状复叶长20～60cm，有羽片15～20对，羽片长5～10cm，有小叶25～28对；小叶密生，细小，长圆形，长4～8mm，两面被绢毛，顶端钝。伞房式总状花序顶生和腋生；花大，直径7～10cm；花冠鲜红色至橙红色，具黄色斑。夏季为开花期。荚果微呈镰刀形，扁平，长30～60cm。种子秋季成熟。

分布习性　原产马达加斯加及世界各热带地区；我国台湾、海南、福建、广东、广西、云南等地有引种栽培。凤凰木喜光，喜高温多湿气候，栽培地全日照或半日照均能适应；土质须为肥沃、富含有机质的沙质壤土，排水须良好，不耐干旱和瘠薄，不耐寒，抗风、抗大气污染。

繁殖栽培　常用种子播种育苗。种子千粒重约400g。种皮吸水困难，需用80℃温水烫种催芽，自然冷却后，继续浸泡24小时，沥干备用。用条播、点播法播种，幼苗对霜冻较敏感，早期可施综合性肥料，少施氮肥，入秋以后应停止施肥，促其早日木质化。进入冬季，如叶片尚未脱落，可用人工剪去，并用薄膜覆盖或单株包裹防霜。1年生苗可出圃定植。

园林用途　行道绿化树及庭荫树，可孤植，亦可列植。夏季具有降温增湿的小气候效应。花红叶绿，满树如火，富丽堂皇，遍布树冠，犹如蝴蝶飞舞其上。因"叶如飞凰之羽，花若丹凤之冠"，故取名凤凰木。

1. 列植路边，形成林荫道
2. 荚果
3. 凤凰木在公园中的景观

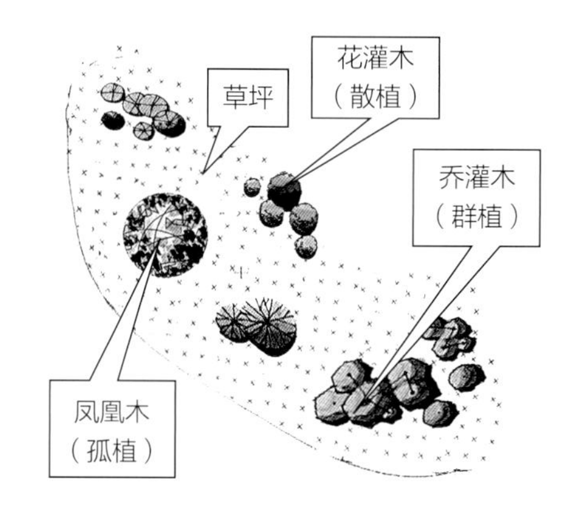

复羽叶栾树

Koelreuteria bipinnata

无患子科栾树属

形态特征　落叶乔木，高可达20 m左右；皮孔圆形至椭圆形；枝具小疣点。叶平展，二回羽状复叶，长45～70cm；叶轴和叶柄向轴面常有一纵行皱曲的短柔毛；小叶9～17片，互生，很少对生，纸质或近革质，斜卵形。圆锥花序大型，长35～70cm，分枝广展，与花梗同被短柔毛；花瓣4，长圆状披针形，黄色。蒴果椭圆形或近球形，淡紫红色，老熟时褐色。花期7～9月，果期8～10月。

分布习性　原产于我国云南、贵州、四川、湖北、湖南、广西、广东等地。生于海拔400～2500m山地疏林中。

繁殖栽培　以播种繁殖。10月下旬至11月，当圆球形种粒变为褐色时，即可采种。春季3月播种，翌年春移植。

园林用途　春季嫩叶多呈红色，夏叶羽状浓绿色,秋叶鲜黄色，花黄满树，国庆节前后其蒴果的膜质果皮膨大如小灯笼，鲜红色，成串挂在枝顶，如同花朵。有较强的抗烟尘能力，是城市绿化理想的观赏树种；可作庭荫树、风景树。

同属植物　栾树 *Koelreuteria paniculata*，一回或不完全的二回羽状复叶，小叶边缘有稍粗大、不规则的钝锯齿，近基部的齿常疏离而呈深缺刻状；蒴果圆锥形，顶端渐尖。

1. 花序
2. 栾树
3. 散植绿化广场

珙　桐

Davidia involucrata

蓝果树科珙桐属

形态特征　落叶乔木，高15～20m，稀达25m；树皮深灰色或深褐色，常裂成不规则的薄片而脱落。幼枝圆柱形，当年生枝紫绿色，无毛，多年生枝深褐色或深灰色。叶纸质，互生，阔卵形或近圆形，基部心脏形或深心脏形，边缘有三角形而尖端锐尖的粗锯齿，上面亮绿色。两性花与雄花同株，由多数的雄花与1个雌花或两性花成近球形的头状花序，初淡绿色，继变为乳白色，后变为棕黄色而脱落。果实为长卵圆形核果。花期4月，果期10月。

分布习性　原产于我国湖北西部、湖南西部、四川以及贵州和云南两省的北部。喜生长在海拔700～1600m的深山云雾中，要求较大的空气湿度。喜中性或微酸性腐殖质深厚的土壤，在干燥多风、日光直射之处生长不良，不耐瘠薄，不耐干旱。

繁殖栽培　以播种、扦插繁殖，也可嫁接育苗。其种子表皮坚硬，后熟期长，有隔年发芽特性，甚至3～4年才发芽，故大部分种子未到发芽时间已腐烂，发芽率极低。而扦插繁殖则简易可行。选用1年生枝条做插穗进行扦插，其育苗成苗率在60%左右。

园林用途　枝叶繁茂，叶大如桑，花形似鸽子展翅。当花盛开时，似满树白鸽展翅欲飞。常植于池畔、溪边及疗养所、宾馆、展览馆旁，园林景观效果好，并有和平的象征意义。

1	2
3	

1. 花
2. 叶
3. 美化庭园

桂　花

Osmanthus fragrans

木犀科木犀属

形态特征　常绿乔木，高3～5m，最高可达18m；树皮灰褐色。小枝黄褐色。叶片革质，椭圆形、长椭圆形或椭圆状披针形，先端渐尖，基部渐狭呈楔形或宽楔形，全缘或通常上半部具细锯齿。聚伞花序簇生于叶腋，或近于帚状，每腋内有花多朵；果歪斜，椭圆形，紫黑色。花期9～10月上旬，果期翌年3月。

分布习性　原产于我国西南喜马拉雅山东段；现四川、陕西（南部）、云南、广西、广东、湖南、湖北、江西、安徽等地均有野生分布。印度，尼泊尔，柬埔寨也有分布。性喜温暖湿润的气候，耐高温而不甚耐寒。

繁殖栽培　以播种、嫁接、扦插、水培和压条等方法繁殖。4～5月份果实成熟，当果皮由绿色变为紫黑色时即可采收。采收后洒水堆沤，清除果肉，置阴凉处使种子自然风干，混沙贮藏，沙藏后可秋播或春播。嫁接砧木多用女贞、水蜡、白蜡和流苏等。扦插可在春季发芽前，用1年生发育充实的枝条进行扦插。压条可分低压和高压两种。水培分无土和有土培育。

园林用途　枝繁叶茂，秋季开花，芳香四溢。在园林中常作园景树，有孤植、对植，也有成丛成林栽种。与建筑物，山、石配植，或植于亭、台、楼、阁附近，其景观效果甚佳。

同属植物　丹桂花朵颜色橙黄，气味浓郁，叶片厚，色深。一般秋季开花且花色很深，主要以橙黄、橙红和朱红色为主。丹桂分为满条红、堰红桂、状元红、朱砂桂、败育丹桂和硬叶丹桂。金桂花朵为金黄色，且气味较丹桂要淡一些，叶片较厚。金桂秋季开花，花色主要以黄色为主（柠檬黄与金黄色）。其中金桂又分为球桂、金球桂、狭叶金桂、柳叶苏桂和金秋早桂等众多品种。银桂花朵颜色较白，稍带微黄，叶片比其它桂树较薄，花香与金桂差不多，不是很浓郁。银桂开花于秋季，花色以白色为主，呈纯白、乳白和黄白色，极个别特殊的会呈淡黄色。银桂分为玉玲珑、柳叶银桂、长叶早银桂、籽银桂、白洁、早银桂、晚银桂和九龙桂等等。四季桂，也有很多人将四季桂称为月桂。花朵颜色稍白，或淡黄，香气较淡，且叶片比较薄。与其它品种最大的差别就是它四季都会开花，但是花香也是众多桂花中最淡的，几乎闻不到花香味。四季桂分为月月桂、四季桂、佛顶珠、日香桂和天香台桂。

1	2	5
3		
4		6

1、2. 花序
3. 圆整的树形
4、5、6. 与园林建筑相得益彰

含笑花

Michelia figo

木兰科含笑属

形态特征 常绿小乔木，高2～3m，树皮灰褐色，分枝繁密；芽、嫩枝、叶柄、花梗均密被黄褐色茸毛。叶革质，狭椭圆形或倒卵状椭圆形，先端钝短尖，基部楔形或阔楔形，上面有光泽，无毛。花直立，淡黄色而边缘有时红色或紫色，具甜甜的浓香，花被片6，肉质，较肥厚，长椭圆形。聚合果，蓇葖卵圆形或球形，顶端有短尖的喙。花期3～5月，果期7～8月。

分布习性 分布于我国华南南部各地；现广植于全国各地。在长江流域各地需在温室越冬。

繁殖栽培 以扦插为主，也可嫁接、播种和压条。扦插于6月花谢后进行，取当年生新梢作插穗。嫁接可用紫玉兰或黄兰作砧木，于3月上中旬进行腹接或枝接。播种可于11月将种子沙藏，翌年春季种子裂口后进行盆播，5月下旬发芽后，要注意遮阳。压条可于5月上旬进行高枝压条，7月上旬发根，9月中旬可将其剪离母株栽植。

园林用途 树姿优美，冠幅广圆，枝密叶茂，四季常青。适于在小游园、花园、公园或街道上成丛种植，可配植于草坪边缘或稀疏林丛之下。使游人在休息之中常得芳香气味的享受。

1. 芳香的花朵
2. 枝叶
3. 点缀庭院

合 欢

Albizia julibrissin

含羞草科合欢属

形态特征 落叶乔木，高可达16m，树冠开展；小枝有棱角，嫩枝、花序和叶轴被茸毛或短柔毛。托叶线状披针形，较小叶小，早落。二回羽状复叶，羽片4～12对。头状花序于枝顶排成圆锥花序；花丝粉红色；荚果带状，嫩荚有柔毛，老荚无毛。花期6～7月；果期8～10月。

分布习性 原产于我国东北至华南及西南部各地。非洲、中亚至东亚均有分布；北美亦有栽培。

繁殖栽培 主要用播种繁殖。10月采种，种子干藏至翌年春播种，播后5～7天发芽。移植宜在芽萌动前进行，但移植大树时应设支架，以防被风刮倒。

园林用途 姿势优美，叶形雅致，盛夏绒花满树，有色有香，能形成轻柔舒畅的气氛；宜作庭荫树、行道树种植于林缘、房前、草坪、山坡等地。

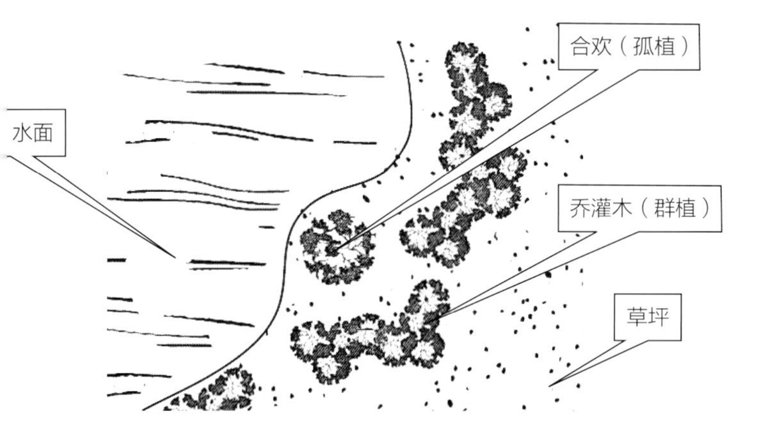

1
2

1. 丛植山坡，景色秀丽
2. 盛夏绒花满树，姿态优美

荷花玉兰

Magnolia grandiflora

木兰科木兰属

形态特征 常绿乔木，高达30m；树皮淡褐色或灰色，薄鳞片状开裂；小枝、芽、叶下面、叶柄均密被褐色或灰褐色短茸毛（幼树的叶下面无毛）。叶厚革质，椭圆形、长圆状椭圆形或倒卵状椭圆形，先端钝或短钝尖，基部楔形，叶面深绿色，有光泽。花白色，有芳香。聚合果圆柱状长圆形或卵圆形；种子近卵圆形或卵形。花期5～6月，果期9～10月。

分布习性 原产北美洲东南部；我国长江流域以南各城市有栽培。喜光，幼时稍耐阴。喜温暖湿润气候，有一定的抗寒能力。

繁殖栽培 以播种繁殖为主，多在每年秋季进行。亦可采用扦插、压条、嫁接等方法进行育苗。广玉兰大树移栽以早春为宜，而以梅雨季节最佳。春节过后半月左右，广玉兰尚处于休眠期，树液流动慢，新陈代谢缓慢，此时即可移栽。移栽后，当晚春气温回升时，根系首先萌动生长修复，加上精心管理，基本不会影响广玉兰当年生长，加上梅雨季节降雨量大，空气湿度高，此时移栽的广玉兰成活率非常高。

园林用途 树姿优雅，四季常青，少病虫害，因而是优良的行道树种，不仅为行人提供庇荫，还能很好地美化街景。也可孤植草坪中，或列植于通道两旁；中小型者，可群植于花台上，均获得很好的景观效果 。

1	3	4
2	5	

1、2. 植于廊旁，庇荫、美化

3、4. 花

5. 在绿地中的景观

红鸡蛋花

Plumeria rubra

夹竹桃科鸡蛋花属

形态特征 落叶小乔木，高达5m；枝条粗壮，带肉质，无毛，具丰富乳汁。叶厚纸质，长圆状倒披针形，顶端急尖，基部狭楔形，叶面深绿色。聚伞花序顶生，肉质，被老时逐渐脱落的短柔毛；花萼裂片小，阔卵形，顶端圆，不张开而压紧花冠筒；花冠深红色，花冠筒圆筒形；花冠裂片狭倒卵圆形或椭圆形，比花冠筒长。蓇葖双生，广歧，长圆形。花期3～9月。

分布习性 原产于南美洲，现广植于亚洲热带和亚热带地区；我国南部有栽培。性喜高温高湿、阳光充足、排水良好的环境。生性强健，能耐干旱，但畏寒冷、忌涝渍，喜酸性土壤，但也抗碱性。

繁殖栽培 以黄白色的鸡蛋花为砧木，来嫁接繁殖红鸡蛋花的方法可行，宜用切接、剪接或腹接。问题在于其切面伤口有较多的乳汁流出，会不同程度地影响到嫁接的成活率。可参照榕树、沙漠玫瑰等多汁植物的嫁接方法操作。也可插条或压条，极易成活。

园林用途 枝叶青绿色，树姿优美，夏季开花，清香优雅；落叶后，光秃的树干弯曲自然，其状甚美。适合于庭院、草地中栽植，也可盆栽。

同种变种 鸡蛋花 *Plumeria rubra* 'Acutifolia'（黄白色），落叶小乔木，高约5m，最高可达8m；枝条粗壮，带肉质，具丰富乳汁，绿色，无毛。叶厚纸质，长圆状倒披针形或长椭圆形，顶端短渐尖，基部狭楔形，叶面深绿色，叶背浅绿色。聚伞花序顶生；花冠外面白色，花冠筒外面及裂片外面左边略带淡红色斑纹，花冠内面黄色。花期5～10月。

钝叶鸡蛋花，叶片长卵圆形，叶尖圆钝。花序斜伸或下垂，白色花朵圆整，花冠喉部黄色斑纹小，花径为同属中最大者，可达7～8cm。夏秋开花，花朵芳香。

1	4
2	
3	5

1. 钝叶鸡蛋花
2. 点缀庭园绿地
3. 孤植路旁
4. 红鸡蛋花树姿、叶丛赏心悦目
5. 群植景观

黄花风铃木

Tabebuia chrysantha

紫葳科风铃木属

形态特征　落叶乔木，高4～6m。干直立，树冠圆伞形。掌状复叶，小叶4～5枚，倒卵形，纸质，有疏锯齿，叶色黄绿至深绿，全叶被褐色细茸毛。3～4月间开花，花冠漏斗形，也像风铃状，花缘皱曲，花色鲜黄；花季时花多叶少，颇为美丽。果实为蓇葖果，向下开裂。花期仅十余天。

分布习性　原产墨西哥、中美洲、南美洲；我国华南地区引种栽培。性喜高温，生育适温为20～30℃。冬季需温暖避风越冬。

繁殖栽培　采用播种、扦插或高压法繁殖，但以播种为主，春、秋为适期。栽培土质以富含有机质之土壤或沙质土壤最佳。

园林用途　春天花色鲜黄；夏天串串果荚；秋天枝叶繁盛，呈现一片绿油油的景象；冬天枯枝落叶，呈现出凄凉之美，一年四季展示不同风貌。可种植在庭院、校园、住宅区等处，也适合公园、绿地等路边、水岸边的栽植。是优良的行道树、庭园树。

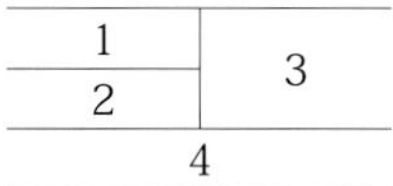

1. 花
2. 叶枝
3. 果枝
4. 丛植路旁

黄槐决明

Cassia surattensis

苏木科决明属

形态特征 常绿小乔木，高5～7m；分枝多，小枝有肋条；树皮颇光滑，灰褐色；嫩枝、叶轴、叶柄被微柔毛。叶长10～15cm；叶轴及叶柄呈扁四方形，在叶轴上面最下2或3对小叶之间和叶柄上部有棍棒状腺体2～3枚；小叶7～9对，长椭圆形或卵形，边全缘。总状花序生于枝条上部的叶腋内；苞片卵状长圆形；花瓣鲜黄至深黄色，卵形至倒卵形。荚果扁平，带状。花果期几全年。

分布习性 原产印度、斯里兰卡、印度尼西亚、菲律宾和澳大利亚、波利尼西亚等地，目前世界各地均有栽培；我国广西、广东、福建、台湾、海南也有栽培。

繁殖栽培 以播种繁殖，分春播与夏播。春播于清明前后，夏播于夏至之前，播前大田施点肥料，按行距30cm条播或撒播。苗高6cm时，可浅松土除草间苗，可移栽。

园林用途 枝叶茂密，花鲜黄色，灿烂夺目，景观效果甚佳。常作绿篱和园林观赏植物。

1. 美化街区
2. 枝叶
3. 黄花满树，灿烂夺目

黄缅桂

Michelia champaca

木兰科含笑花属

形态特征 常绿乔木，高达10m余；枝斜上展，呈狭伞形树冠。叶薄革质，披针状卵形或披针状长椭圆形，先端长渐尖或近尾状，基部阔楔形或楔形。花黄色，极香，倒披针形。聚合果；蓇葖倒卵状长圆形，有疣状凸起。花期6～7月，果期9～10月。

分布习性 原产于我国西藏东南部、云南南部及西南部，福建、台湾、广东、海南、广西有栽培。印度、尼泊尔、缅甸、越南也有分布。性喜暖热湿润，喜酸性土，不耐碱土，不耐干旱，忌过于潮湿，尤忌积水。不耐寒。

繁殖栽培 以播种为主，也可嫁接。种子刚开裂而出现红色时应及时采收，采后沙藏至翌年春播。播后一般1个月左右开始发芽。幼苗移植宜在傍晚或阴天进行，移植后应搭荫棚遮阴，待植株长高后逐渐拆棚。嫁接可用天目黄兰、黄山黄兰等作砧木。其栽培管理与白兰花相同。

园林用途 树形优美，花色鲜黄，芳香浓郁，对有毒气体具较强抗性，为著名的观赏树种。植于公园、风景区、社区庭院，景观效果甚佳。

1	3	5
2	4	

1. 花
2. 点缀庭园
3. 枝叶
4. 果序
5. 孤植于草地

黄　槿

Hibiscus tiliaceus

锦葵科木槿属

形态特征　常绿乔木，高4～10m；树皮灰白色；小枝无毛或近于无毛，很少被星状茸毛或星状柔毛。叶革质，近圆形或广卵形，先端突尖，有时短渐尖，基部心形，全缘或具不明显细圆齿。花序顶生或腋生，常数花排列成聚伞花序，花冠钟形，花瓣黄色，内面基部暗紫色，倒卵形。蒴果卵圆形。花期6～8月。

分布习性　原产于我国台湾、广东、福建等地。分布于越南、柬埔寨、老挝、缅甸、印度、印度尼西亚、马来西亚及菲律宾等热带国家。

繁殖栽培　采用播种或扦插繁殖，春季为适期。种子可以随采随播，也可储藏越冬。储藏期为7～8个月。种子无休眠习性，播后3～5天即可发芽。1年生实生苗可出圃。扦插可快速培育大苗，剪取木质化枝条，扦插于湿润园土，1～2个月能发根。幼株注意水分补给，成株后管理极粗放。每年早春修剪整枝，以控制植株高度。

园林用途　枝叶茂密，树冠宽广，花色鲜黄，可孤植、列植作绿荫树、行道树或防风树。

1
2
3

1. 林地景观
2. 散植绿地
3. 花

火焰木

Spathodea campanulata

紫葳科火焰木属

形态特征 常绿乔木，株高10～20m，树干通直，灰白色，易分枝。叶为奇数羽状复叶，全缘，卵状披针形或长椭圆形；羽状复叶对生，叶片椭圆形或倒卵形。圆锥或总状花序，顶生，花冠钟形，红色或橙红色，花大；花萼佛焰苞状。果为蒴果。花期3～6月。

分布习性 原产于热带非洲、东南亚、夏威夷等地。我国台湾栽培较多，华南地区有少量种植。火焰树生性强健，喜光照；耐热、耐干旱、耐水湿、耐瘠薄，但栽培以排水良好的壤土或沙质壤土为佳。不抗风，风大枝条易折断。不耐寒。

繁殖栽培 常用扦插法、播种法或高压法，均宜在春季进行。种子发芽后5～6年即可开花。火焰木对土壤要求不严，但为保证栽培后能生长良好，应选择日照充足的地块，并要求土层深厚、排水良好的壤土或沙质壤土栽培。定植时施足基肥，在高温及干旱期就注意给幼树补充水分。对肥料需求不高，但在生长发育时也需适当补充肥料，以复合肥及有机肥为主。可根据土壤的肥力状况，每年施肥3～5次，掌握勤施薄施的原则。需较高温度才能开花，在华南北部地区，由于温度较低，不开花或开花较少。

园林用途 开花时节，树冠顶层的花朵如熊熊燃烧的火焰一般，极为醒目。可用于行道树及庭园绿化，具良好的园林景观效果。

1	
2	3
4	

1. 花
2. 行道树
3. 开花时节，花朵如燃烧的火焰
4. 小区美化

鸡冠刺桐

Erythrina cristagalli

蝶形花科刺桐属

形态特征 落叶小乔木，茎和叶柄稍具皮刺。羽状复叶具3小叶；小叶长卵形或披针状长椭圆形，先端钝，基部近圆形。花与叶同出，总状花序顶生，每节有花1～3朵；花深红色，稍下垂或与花序轴成直角；花萼钟状，先端二浅裂。荚果长约15cm，褐色，种子间缢缩；种子大，亮褐色。花期4～7月，花开时红色，且花期长。

分布习性 原产巴西等南美洲热带地区；我国华南地区和台湾有栽培。喜光，也耐轻度荫蔽，喜高温，但具有较强的耐寒能力。

繁殖栽培 采用播种和扦插繁殖育苗。

园林用途 树态优美，苍劲古朴，花繁艳丽，花形独特，花期长；在园林绿化中独具一格，孤植、群植、列植于草坪上、道路旁、庭园中或与其它花木配植，显得鲜艳夺目，是公园、广场、庭院、道路绿化的优良树种。

	1
2	3

1. 孤植于庭园
2. 花序
3. 列植路旁，花繁艳丽

金蒲桃

Xanthostemon chrysanthus

桃金娘科黄蕊木属

形态特征 常绿小乔木，株高可达5m。叶有对生、互生或丛生枝顶，披针形，全缘，革质。聚伞花序，簇生枝顶，花丝金黄色。春季至夏季开花。

分布习性 原产澳大利亚；我国广东、福建等地引种栽培。性喜温暖湿润的气候，要求光照充足环境和排水良好的土壤。

繁殖栽培 可采用新鲜种子发芽繁殖。栽培基质以壤土或沙质壤土为佳。

园林用途 株形挺拔，叶色亮绿，夏秋开花，花色金黄，十分醒目；适宜作公园、风景区的园景树、行道树，极为亮丽壮观。

1	
2	
3	4

1. 花序
2. 行道树
3、4. 用于广场绿化

腊肠树

Cassia fistula

苏木科决明属

形态特征 落叶小乔木或中等乔木，高可达15m。叶长30～40cm，有小叶3～4对，在叶轴和叶柄上无翅亦无腺体；小叶对生，薄革质，阔卵形、卵形或长圆形，顶端短渐尖而钝，基部楔形，边全缘。总状花序，疏散，下垂；花与叶同时开放；花瓣黄色，倒卵形。荚果圆柱形。花期6～8月；果期10月。

分布习性 原产于印度、缅甸和斯里兰卡。我国南部和西南部各地均有栽培。性喜高温，生育适温约23～32℃。

繁殖栽培 可用播种或扦插繁殖。储藏的种子常在春季播种，新鲜的种子可在秋季播种。新鲜种子在正常室温时用清水浸泡12小时即可播种。储藏的种子用60～80℃的温水浸泡48小时后及时播种。播种苗床的土要求比较疏松、肥沃、排水良好。扦插在4月左右进行，用枝条插于沙土中即可。

园林用途 初夏时节，黄金满树，花序婀娜，随风摇曳，瓣落如雨，煞是好看。广泛应用于热带及亚热带地区，用作独赏树或行道树，景观效果极佳。

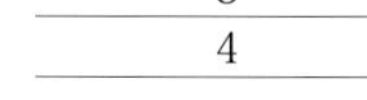

1. 花序
2. 枝叶
3. 荚果
4. 黄金满树，点缀绿地

蓝花楹

Jacaranda mimosifolia

紫葳科蓝花楹属

形态特征 落叶乔木，高达15m。叶对生，为二回羽状复叶，羽片通常在16对以上，每1羽片有小叶16～24对；小叶椭圆状披针形至椭圆状菱形，全缘。花蓝色。蒴果木质，扁卵圆形。花期5～6月。

分布习性 原产南美洲巴西、玻利维亚、阿根廷；我国广东、海南、广西、福建、云南均有栽培。性喜温暖湿润、阳光充足的环境；能耐半阴。

繁殖栽培 用播种、扦插、组织培养等繁殖。其蒴果成熟期为11月，采后置于无风处暴晒或堆放，晒干后贮藏至翌年3月，在气温20℃上下时播种；而扦插在春秋两季均可进行，选择中熟枝条作插穗，其生根率高；组织培养也较易，繁殖出了大量试管苗。

园林用途 树姿洒脱，叶色醒目，清秀雅丽，热带、暖亚热带地区广泛栽作行道树、遮阴树和风景树。

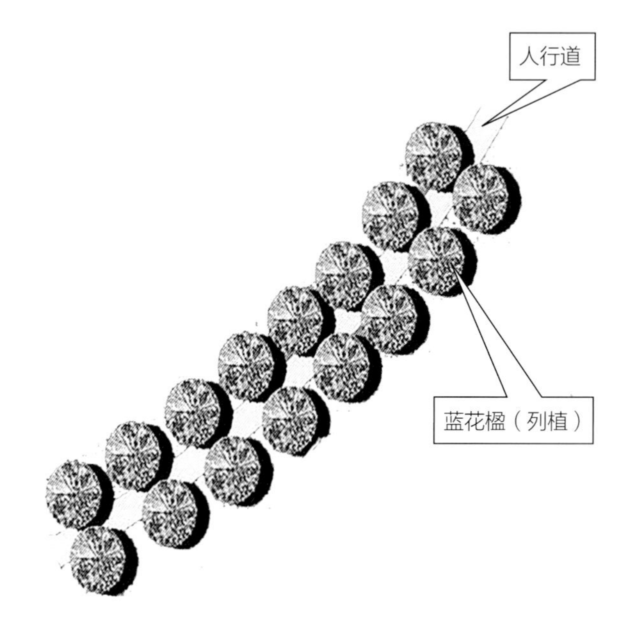

1
2
3

1. 花枝
2. 行道树
3. 树姿洒脱，清秀雅丽

美丽异木棉

Chorisia speciosa

木棉科异木棉属

形态特征 落叶大乔木，高10～15m，树干下部膨大，幼树树皮浓绿色，密生圆锥状皮刺，侧枝放射状水平伸展或斜向伸展。掌状复叶有小叶5～9片；小叶椭圆形。花单生，花冠淡紫红色，中心白色；花瓣5，反卷，花丝合生成雄蕊管，包围花柱。冬季为开花期。蒴果椭圆形。种子次年春季成熟。

分布习性 原产南美洲阿根廷；我国台湾、广东、广西、海南等地均引种栽培。

繁殖栽培 采用播种繁殖。在3～4月份种子成熟，宜随采随播。播种后1星期左右开始发芽，太阳猛烈的白天要用50%的遮光网降温，但为了避免小苗徒长，要让小苗尽量接受阳光的照射。全年可以出圃移植。

园林用途 树冠伞形，叶色青翠，成年树树干呈酒瓶状；冬季盛花期满树姹紫，秀色照人，是庭院绿化的优良观花树种。

<table>
<tr><td>1</td><td>4</td><td>5</td></tr>
<tr><td>2</td><td colspan="2" rowspan="2">6</td></tr>
<tr><td>3</td></tr>
</table>

1. 花

2、3、4、5、6. 美丽异木棉在绿地中秀丽的树姿

梅 花

Prunus mume

蔷薇科杏属

形态特征　落叶小乔木，株高4～10m；树皮浅灰色，平滑；小枝绿色，光滑无毛。叶片卵形或椭圆形，先端尾尖，基部宽楔形至圆形，叶边常具小锐锯齿，灰绿色。花单生，香味浓，先于叶开放；花瓣倒卵形，白色至粉红色。果实近球形，黄色或绿白色。花期冬春季，果期5～6月。

分布习性　分布于我国长江流域以南各地，长江流域以北及华北也有栽培。日本和朝鲜也有分布。

繁殖栽培　采用播种、扦插、嫁接繁殖。通常6～7月份采收果实，洗出种子晾干；秋季或早春条播。扦插在早春开花后或落叶后11～12月份，截取1年生粗壮枝条，长10～18cm，用生根剂处理后，插入沙壤土苗床；插后保持半墒，注意浇水等管理工作，春插者越夏期间须搭荫棚。嫁接在发芽前可采取切接、皮下接，也可用芽接、劈接等。

园林用途　梅花不畏寒冬，傲雪开放，可孤植、群植于庭院、公园、风景区等公共绿地。传统手法常与松、柏和竹搭配相互映衬；也可列植于园道两侧作行道树，均具良好的园林景观效果。

1
2
3

1. 花枝
2. 丛植绿地
3. 群植景观

木芙蓉

Hibiscus mutabilis

锦葵科木槿属

形态特征 落叶小乔木，高2～5m；小枝、叶柄、花梗和花萼均密被星状毛与直毛相混的细绵毛。叶宽卵形至圆卵形或心形，常5～7裂，裂片三角形，先端渐尖，具钝圆锯齿，上面疏被星状细毛和点，下面密被星状细茸毛；托叶披针形，常早落。花单生于枝端叶腋间；花初开时白色或淡红色，后变深红色，花瓣近圆形。蒴果扁球形。花期8～10月。

分布习性 分布于我国湖南、辽宁、河北、山东、陕西、安徽、江苏、浙江、江西、福建、台湾、广东、广西、湖北、四川、贵州和云南等地。日本和东南亚各国也有栽培。

繁殖栽培 可用扦插、分株或播种法进行繁殖。扦插以2～3月为好。分株繁殖宜于早春萌芽前进行，挖取分蘖旺盛的母株分割后另行栽植即可。播种可于秋后收取充分成熟的种子，在阴凉通风处贮藏至翌年春季进行播种。因种子细小，可与细沙混合后进行撒播。

园林用途 其色彩丰富，线条柔和，姿态优美，宜植池岸，临水为佳。可与其它秋色树种配植构成绚丽的秋景。

1. 姿态优美
2. 色彩丰富

木 棉

Bombax malabaricum

木棉科木棉属

形态特征 落叶大乔木，高可达25m，树皮灰白色，幼树的树干通常有圆锥状的粗刺。掌状复叶，小叶5～7片，长圆形至长圆状披针形，全缘。花单生枝顶叶腋，通常红色，有时橙红色。蒴果长圆形，密被灰白色长柔毛和星状柔毛；种子多数，倒卵形。花期3～4月，果夏季成熟。

分布习性 原产于我国云南、四川、贵州、广西、江西、广东、福建、台湾等地。印度、斯里兰卡、中南半岛、马来西亚、印度尼西亚至菲律宾及澳大利亚北部都有分布。喜温暖干燥和阳光充足环境。不耐寒，稍耐湿，忌积水。

繁殖栽培 用种子繁殖，也可嫁接繁殖，从6月中旬至12月中旬，荚果陆续成熟，以9～10月份为成熟盛期，采集成熟的果荚，置日光下暴晒，开裂后脱出种子，可以随采随播种，幼苗防寒越冬，也可将种子储藏至翌年春播。1年生苗可出圃定植，2年生幼树即可开花供观赏。

园林用途 花大而美，树姿巍峨，可植为庭园观赏树、行道树。为我国广州市、攀枝花市、高雄市、台中市市花。

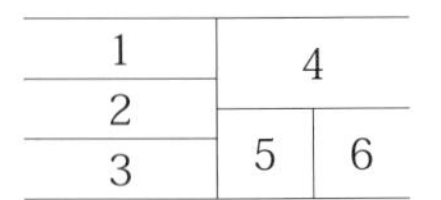

1. 花
2. 花枝
3. 树姿秀美
4、5、6. 木棉在绿地中的景观

炮弹树

Couroupita guianensis

玉蕊科炮弹树属

形态特征 落叶大乔木，株高可达35m，直立；树皮有不规则点状纵裂纹。叶片常簇生于枝端，倒卵形或椭圆形，螺旋排列；叶基部楔形，叶全缘，顶端通常呈尖锐状。花序干生，通常缠绕树干，总状花序，有时呈圆锥花序；花瓣6片，粉红至红色，外侧顶端为黄色，内侧基部为白色；花粉近球形、长球形或扁球形。果实圆球状，不裂开，成熟时自然落果；果肉暴露空气中易氧化为蓝绿色；种子包埋于果肉中，种皮坚硬。5～8月开花，常于夜间开放，隔天清晨凋谢。无花蜜，但有香气。

分布习性 原产于南美洲圭亚那；我国华南地区有引种栽培。性喜高温多湿，发育适温为22～30℃。

繁殖栽培 以种子繁殖，栽培土质以沙质壤土最佳，若土质肥沃生育迅速。排水、日照需良好。春季移植最佳，冬季移植需保温。约每季施肥一次，有机肥料三要素均理想。春至夏季为生育盛期，水分充分补给。冬季落叶后减少灌水，并修剪整枝，剪除主干下部的侧枝，促使长高。成树后按比例增加磷、钾肥，能促进开花结果。

园林用途 花色艳丽，气味香醇，艳花硕果缠绕于干，甚是奇特，被视为珍奇的热带庭园树木。植于公园、风景区或社区庭院，景色宜人，充满热带雨林风情。

	1	2	5
4	3		

1. 叶
2. 花
3. 树姿
4. 果
5. 充满热带雨林风情

七叶树

Aesculus chinensis

七叶树科七叶树属

形态特征 落叶乔木，高15～25m。掌状复叶对生，小叶5～7，纸质，椭圆状披针形至椭圆状倒披针形，先端长渐尖，基部楔形，边缘具突尖的细锯齿。圆锥花序顶生，被疏柔毛；花白色。蒴果梨形或扁球形，种子近球形。花期5～6月，果期10月。

分布习性 原产于我国黄河中下游地区。

繁殖栽培 以种子繁殖为主，扦插、压条、嫁接繁殖也可。果实采回后，及时剥去果肉，将种子用3倍量的湿沙混匀进行沙藏。春播、秋播均可。秋播时，可将去果皮的净种子及时播入苗圃，越冬，第二年春季发芽，一般发芽早于春播的。初夏可用嫩枝扦插，方法和一般树种一样，成活率也较高，压条、嫁接成活率也较高，一般少用。

园林用途 树形美观，花果秀丽，常植于名胜古迹风景区、公园、庭院等处，是优良的园林观赏树种。

	2
1	3

1. 花序
2. 树形美观
3. 在绿地中的景观

蔷薇风铃花

Tabebuia rosea

紫葳科风铃木属

形态特征 落叶乔木，株高10～20m。树干具有纵裂纹。掌状复叶对生。伞房花序顶生，花大而多，花冠初时紫红色，漏斗状，被短茸毛；衰老时变成粉红色至近白色。在华南地区一年开花两次，花期在4～5月和10～12月；果熟期在夏季或冬季。

分布习性 原产于墨西哥、古巴及中美洲；我国华南地区引种栽培。性喜高温，生育适温为20～30℃。越冬需温暖避风。

繁殖栽培 采用播种、扦插或高压法繁殖，但以播种为主，春、秋为适期。栽培土质以富含有机质之土壤或沙质土壤最佳。

园林用途 花色粉红，枝叶繁盛。可种植在庭园、校园、住宅区等处，也适合公园、绿地等路边、水岸边的栽培。是优良的行道树，庭园树。

1	
2	3

1、3. 花

2. 散植在公园绿地中

山玉兰

Magnolia delavayi

木兰科木兰属

形态特征　常绿乔木，高达12m，树皮灰色或灰黑色。嫩枝榄绿色，被淡黄褐色平伏柔毛，老枝粗壮，具圆点状皮孔。叶厚革质，卵形、卵状长圆形，先端圆钝，很少有微缺，基部宽圆，有时微心形，边缘波状。花梗直立，花芳香，杯状；聚合果卵状长圆柱形。花期4～6月，果期8～10月。

分布习性　分布于我国四川西南部、贵州西南部、云南等地。喜生于海拔1500～2800m的石灰岩山地阔叶林中或沟边较潮湿的坡地。性喜深厚肥沃、排水良好的微酸性土壤。

繁殖栽培　主要用播种和压条繁殖。一般10月采种，将果实堆熟后，种子洗净晾干，播前种子用湿沙层积，藏至翌年春播。山玉兰节间易发不定根，可在生长季节选健壮枝条压入土中，也可进行高空压条，夏季即能生根，翌年春季可与母株分离，另植成新株。

园林用途　树冠婆娑，花大淡雅，色白芳香；衬以亮绿硕叶，为珍贵的庭园观赏树种，单植于草坪、庭院、建筑物入口处、林荫大道两旁，均获得很好的景观效果。

同种变种　红花山玉兰 *Magnolia delavayi* var. *rubra*，常绿小乔木，树冠圆形，小枝具环状托叶痕；单叶互生，革质，卵形、阔卵形或卵状椭圆形；花两性，红色，芳香。

1	2
3	
4	

1. 花蕾
2. 枝叶
3. 列植路旁
4. 点缀池旁

铁刀木

Cassia siamea

苏木科决明属

形态特征 常绿乔木，高约10m；嫩枝有棱条，疏被短柔毛。叶长20～30cm；叶轴与叶柄无腺体，被微柔毛；小叶对生，6～10对，革质，长圆形或长圆状椭圆形，边全缘。总状花序生于枝条顶端的叶腋，并排成伞房花序状。荚果扁平。花期10～11月，果期12月至翌年1月。

分布习性 除我国云南有野生外，南方各地均有栽培。印度、缅甸、泰国有分布。性喜光、不耐荫蔽。又喜温，凡有霜冻、寒害的地方均不能生长。

繁殖栽培 多用播种繁殖。春季为播种适期。3～4月时从健壮母株上采种，可随采随播，或经充分翻晒后干藏于通风良好处。播种前用70℃热水浸种，自然冷却后再浸泡2天，然后取出盖以湿麻袋，待种子略裂时播种。需日照充足，要求土层深厚，排水良好的土壤能生长良好。

园林用途 花色鲜黄，且花期长，可作为热带、亚热带地区园林绿化的良好观花树种，适作庭园绿荫树或行道树。

1
2
3

1. 枝叶
2. 花序
3. 植于路旁

桃　花

Amygdalus persica

蔷薇科桃属

形态特征　落叶乔木，高3～8m；树冠宽广而平展；树皮暗红褐色，老时粗糙呈鳞片状；小枝细长，无毛，有光泽，绿色，向阳处转变成红色，具大量小皮孔。叶片长圆披针形、椭圆披针形或倒卵状披针形，先端渐尖，基部宽楔形，上面无毛，下面在脉腋间具少数短柔毛或无毛，叶边具细锯齿或粗锯齿。花单生，先于叶开放；花瓣长圆状椭圆形至宽倒卵形，粉红色，罕为白色。果实形状和大小均有变异，卵形、宽椭圆形或扁圆形。花期3～4月。

分布习性　原产于我国，各地广泛栽培；世界各地均有栽植。性喜光，除极冷、极热地区外，均可生长，喜温暖阳光充足之地。

繁殖栽培　有种子和嫁接繁殖。为保持桃果的品质，必须采用嫁接繁殖。嫁接繁殖的砧木，普遍多用毛桃、山桃、李子、杏、毛樱桃。嫁接方法多采用劈接、根接、低接和芽接（热粘皮）。春季多用劈接法，一般在3月下旬至4月上旬进行。夏季嫁接，多用芽接法，一般在6月下旬左右进行。芽接之后不能移植，否则成活率低。一般嫁接成活后，下一年春季移植，第二年即可挂果。

园林用途　桃花栽培品种繁多，花色白、粉、红、杂色各异，单瓣、重瓣均有，在城市园林绿化中，常用作行道树、配景树，亦可建桃花园、桃树篱，这样既可增加城市绿化树种的多样性，又可提高市民的文化欣赏品位。桃红柳绿，柳条纤细，树影婆娑；桃花芳菲，花团锦簇，这一组合成为园林中重要的春季景观，也是传统的造园手法。

1	3	4
	5	
2	6	

1. 花
2、3. 桃花林
4. 白色桃花
5. 山花烂漫
6. 桃花芳菲

头状四照花

Dendrobenthamia capitata

山茱萸科株木属

形态特征 常绿小乔木；嫩枝密被白色柔毛。叶对生，革质或薄革质，矩圆形或矩圆状披针形，顶端锐尖，基部楔形，两面均被贴生白色柔毛，下面极为稠密。头状花序近球形，总苞片4，白色，倒卵形或阔倒卵形，稀近于圆形；花瓣4片，黄色。果序扁球形，紫红色。花期5～6月，果期9～10月。

分布习性 分布于我国四川、云南和西藏。尼泊尔、印度及巴基斯坦也有分布。生海拔1300～3150m的林中。

繁殖栽培 主要有播种、扦插和分蘖。秋季及时采收，将球果捣碎，淘洗除去果肉，种子阴干后装入麻袋或筐内，及时入库干藏。选择半阴坡苗圃地育苗。分蘖于春末萌芽或冬季落叶之后，将分蘖挖出移栽。扦插于3～4月选取1～2年生枝条，插于纯沙或沙质土壤中。

园林用途 枝条疏散，树姿秀丽，树形美观且整齐；初夏开花，白色苞片覆盖全树，秋季红果满树、玲珑剔透、十分别致；可孤植或列植，是一种美丽的庭院观花、观果树种。

1
2

1. 列植于庭园
2. 花枝

无忧树

Saraca dives

苏木科无忧花属

形态特征 常绿乔木，高5～20m；叶有小叶5～6对，嫩叶略带紫红色，下垂；小叶近革质，长椭圆形、卵状披针形或长倒卵形，先端渐尖、急尖或钝，基部楔形。花序腋生，较大，总轴被毛或近无毛。荚果棕褐色，扁平。花期4～5月；果期7～10月。

分布习性 原产于我国云南东南部至广西西南部、南部和东南部，华南地区有少量栽培。越南、老挝也有分布。普遍生于海拔200～1000m的密林或疏林中，常见于河流或溪谷两旁。

繁殖栽培 播种、扦插和压条繁殖均可。热带地区可露地栽植；广州以北露地不能越冬；北方多于温室内盆栽，越冬温度应在12℃以上。

园林用途 树姿雄伟，花大美丽，为南方地区街道、庭园、公园及机关厂矿的优良绿化树种。

1	
2	3
4	

1. 林地景观
2. 枝叶
3. 花序
4. 道旁点缀

香籽含笑

Michelia hedyosperma

木兰科含笑属

形态特征 常绿乔木，高30～40m；芽、嫩叶柄、花梗、花蕾及心皮均密被平伏短绢毛，其余均无毛。叶薄革质，揉碎后有八角气味，倒卵形或椭圆状披针形，先端急尖，尖头钝，基部宽楔形，两面鲜绿色，有光泽。花芳香，白色，花被片9，外轮3，膜质，线形；雌蕊群卵圆形。聚合果果柄粗壮；蓇葖椭圆球形或卵球形，外面密被皮孔，顶端具短喙，果瓣质厚，后向外反卷。花期10月至翌年1～2月，果期夏季。

分布习性 分布于我国云南（勐腊、景洪）、广西、广东、海南。具喜湿、喜肥的特性。

繁殖栽培 以种子繁殖为主。待聚合果成熟蓇葖未开裂时，即宜采回，放干燥阴凉处，待蓇葖开裂，取出种子，除去外种皮，即可播种，30～50天发芽完毕。亦可扦插和嫁接及空中压条法繁殖。

园林用途 其枝繁叶茂，树冠宽广，花芳香，为四旁绿化、庭园观赏、美化环境的理想树种。

同属植物 紫花含笑 *Michelia crassipes*，小乔木，高2～5m，树皮灰褐色；叶革质，狭长圆形、倒卵形或狭倒卵形。花极芳香；紫红色或深紫色。花期4～5月，果期8～9月。

苦梓含笑 *Michelia balansae*，常绿乔木，叶厚革质，长圆状椭圆形，或倒卵状椭圆形；花芳香，花被片白色带淡绿色。花期4～7月，果期8～10月。

峨眉含笑 *Michelia wilsonii*，叶革质，倒卵倒、倒披针形或长圆状倒披针形。花单生叶腋，淡黄色。

阔瓣含笑 *Michelia platypetala*，叶薄革质，长椭圆形；早春开白色花，大而密集，有香味；聚合果长圆形。3～4月开花，8～9月果熟。

球花含笑 *Michelia sphaerantha*，乔木，高8～16m，芽圆柱形。叶革质，倒卵状长圆形或长圆形；花被白色，聚合果。花期3月，果期7月。

<table>
<tr><td>1</td><td>2</td><td>4</td><td rowspan="2">5</td></tr>
<tr><td colspan="2">3</td><td></td></tr>
</table>

. 苦梓含笑
. 香籽含笑
. 孤植于舍旁
. 紫花含笑
. 香籽含笑树姿挺拔

小花紫薇

Lagerstroemia micrantha

千屈菜科紫薇属

形态特征 落叶小乔木；枝圆柱形，无毛。叶纸质，椭圆形或卵形，顶端急尖或渐尖，基部渐狭或近圆形。圆锥花序顶生，多花，近塔形；花细小，花萼钟形，花瓣卵形；子房近球形；盛花期7～9月。果未见。

分布习性 原产于我国台湾，全国各地均有栽培。越南也有分布。

繁殖栽培 以播种和扦插繁殖育苗。于11～12月采收种子干藏。翌年2～3月播种，在沙壤土苗床上条沟播，播后覆土盖草。出苗后对幼苗进行遮阴，当年苗高可达50～60cm（北方需防寒越冬）。为确保安全，秋季应将苗掘出进行假植，翌年春季移苗圃继续培养，第3年早春可移栽定植。扦插在早春萌芽前采1年生枝扦插，成活率可达90%以上。成活后移出培育。

园林用途 具有着花繁密、且花期早、适应性强等特点，广泛应用于公园、风景区、社区庭院园林绿化中，还可盆栽，其景观效果甚佳。

1	3
2	4

1. 小花紫薇景观
2. 散植于林中
3. 群植于草地上
4. 盆景饰景

西府海棠

Malus micromalus

蔷薇科苹果属

形态特征 小乔木，高2.5～5m，小枝细圆柱形，树枝直立向上生长，树冠圆柱形。叶片长椭圆形或椭圆形，长5～10cm，宽2.5～5cm，先端急尖或渐尖，边缘有尖锐锯齿，叶柄长2～3.5cm。伞形总状花序，有花4～7朵，集生于小枝顶端，花梗长2～3cm，花径约4cm，粉红色。果实近球形，直径1～1.5cm，红色。花期3月下旬到5月初；果实9～10月成熟。

分布习性 分布于亚洲的东部、欧洲和北美洲。海棠喜欢冷凉的气候。属于中度耐旱的树种，年降水需求量在600～800mm。喜光。喜欢排水良好、土壤深厚、保水能力好、总盐度低于0.2%、富含有机质的微酸性或者中性沙质壤土。

繁殖栽培 播种、嫁接繁殖。城市绿化应用苗圃的苗木移植栽种。

园林用途 海棠形态多姿、花色艳丽，是著名的观赏树种，常多品种片植形成专类花园，如海棠花溪。也可以沿道路栽植作行道树；还可以用作为花带、绿篱的背景墙或风屏。

同属植物 垂丝海棠 *Malus halliana*，乔木，高达5m，叶长圆形至长椭圆形，长4～4.5cm，宽2～2.5cm，边缘有锐锯齿；嫩叶棕绿色，老叶深绿。伞房花序，花梗长2～3cm，具花3～5朵，花直径3～3.5cm，粉红色，单瓣品种花瓣5，有重瓣品种。果实椭圆形或近球形，直径约1cm，黄绿色稍带红晕。

1	
2	3
4	

1. 西府海棠
2. 花枝招展
3. 海棠花盛开
4. 海棠花溪

仪 花

Lysidice rhodostegia

苏木科仪花属

形态特征　常绿乔木，高2～5m，很少超过10m。小叶3～5对，纸质，长椭圆形或卵状披针形，先端尾状渐尖，基部圆钝。圆锥花序，小苞片均被短疏柔毛；苞片、小苞片粉红色，卵状长圆形或椭圆形；花瓣紫红色，阔倒卵形。荚果倒卵状长圆形。花期6～8月；果期9～11月。

分布习性　原产于我国广东、广西、云南等地。越南也有分布。

繁殖栽培　常用播种繁殖。播前将种子用沸水浸种至自然冷却，并继续浸泡昼夜，让种子充分吸水，才可发芽整齐。苗期生长速度中等。1年生苗可出圃定植。

园林用途　树姿洒脱，花色紫红，盛夏欲放，串挂枝头，彩色缤纷，艳丽迷人；可作风景园林的独赏树、行道树，为华南极有发展前途的园林树种。

1	2	3
4		
5		

1. 花序
2. 枝叶
3. 荚果
4. 植于湖边，景色迷人
5. 孤植于绿地，树姿洒脱

羊蹄甲

Bauhinia purpurea

苏木科羊蹄甲属

形态特征　常绿乔木，高7～10m；树皮厚，近光滑，灰色至暗褐色；枝初时略被毛，毛渐脱落。叶硬纸质，近圆形，基部浅心形，先端分裂达叶长的1/3～1/2，裂片先端圆钝或近急尖，两面无毛或下面薄被微柔毛。总状花序侧生或顶生，花瓣桃红色，倒披针形，具脉纹和长的瓣柄。荚果带状，扁平。花期9～11月；果期2～3月。

分布习性　分布于我国南部。中南半岛、印度、斯里兰卡有分布。性喜阳光和温暖、潮湿环境，不耐寒。

繁殖栽培　花后不结实，只能用无性繁殖，扦插的成活率很低，生产上多用嫁接育苗，砧木可用同类羊蹄甲实生苗，早春出芽前进行芽接或劈接均可，当年即可开花。用于培育乔木的，早年宜摘去花芽，培育成主干明显的大苗，生长较快，2年生苗可供行道树种植。

园林用途　树冠雅致，花大艳丽，叶形如牛、羊之蹄甲，极为奇特，是热带、亚热带地区优良的观赏树种。宜作行道树、庭荫树和风景树。

同属植物　红花羊蹄甲 *Bauhinia* × *blakeana*；洋紫荆 *Bauhinia variegate*；渐尖羊蹄甲 *Bauhinia acuminata* 等。

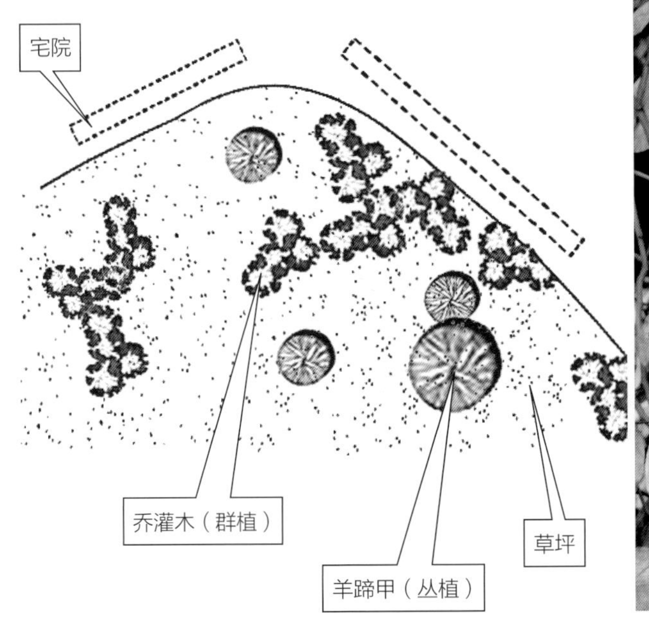

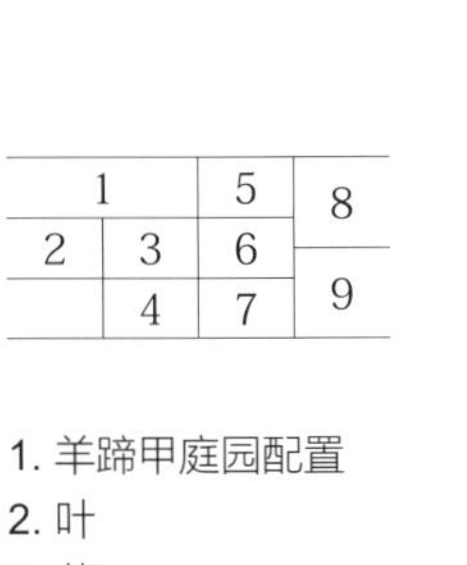

1. 羊蹄甲庭园配置
2. 叶
3. 花
4. 荚果
5. 红花羊蹄甲与古亭配置
6. 渐尖羊蹄甲
7. 红花羊蹄甲
8. 羊蹄甲布置广场
9. 作行道树

依　兰

Cananga odorata

番荔枝科依兰属

形态特征　常绿乔木；树干通直，树皮灰色。叶大，膜质至薄纸质，卵状长圆形或长椭圆形，顶端渐尖至急尖，基部圆形，叶面无毛。花序单生于叶腋内或叶腋外，有花2～5朵，黄绿色，芳香，倒垂；成熟的果近圆球状或卵状。花期4～8月，果期12月至翌年3月。

分布习性　原产于缅甸、印度尼西亚、菲律宾和马来西亚；现世界各热带地区均有栽培。我国台湾、福建、广东、广西、云南和四川等地均有栽培。

繁殖栽培　用种子繁殖，12月至翌年1月份采种育苗，当年秋季苗高40～50cm时即出圃定植，也可结合园林绿化种植。定植前施足基肥。此外，还可人工矮化栽培，则选择优株嫁接定植，3年后株高3～4m时，用1500μl/L香豆素喷新枝的生长点，达到矮化、早花、开花多的目的。

园林用途　花朵大，花期长，花色鲜，且具有独特浓郁的芳香气味，是公园、风景区、社区庭院最名贵的“天然的香水树”。

同种变种　小依兰 *Cananga odorata* var. *fruticosa*，植株矮小，高1～2m；花的香气较淡等不同。花期5～8月。

1	
2	3

1. 花色鲜艳，满园芬芳
2. 叶片
3. 花序

银 桦

Grevillea banksii var. *forsteri*

山龙眼科银桦属

形态特征 常绿乔木，树高可达7m，幼枝有毛。叶互生，二回羽状裂叶，小叶不对称，光滑，叶背密生白色毛茸。穗状花序，花色橙红至鲜红色似大型的毛刷生于枝顶，花冠呈筒状，雌蕊花柱伸出花冠筒外，先端弯曲，亮红的花独特而艳丽；蓇葖果歪卵形，熟果呈褐色；花大、红色，花期较长。

分布习性 原产澳大利亚东部。现广泛种植于世界热带、暖亚热带地区；我国南部、西南部地区有栽培。性喜光、喜温、喜肥、耐旱、好酸，适宜排水性良好、略酸性土壤。

繁殖栽培 播种繁殖。移植时须带土球，并适当疏枝、去叶，减少蒸发，以利成活。

园林应用 主要应用于花境、庭院、道路绿带。在花境中，可作为上层树种做背景种植，或配置其它灌木及地被。在道路中作为隔离带树种；在公园绿地及庭园中，可作为观赏树孤植或群植。

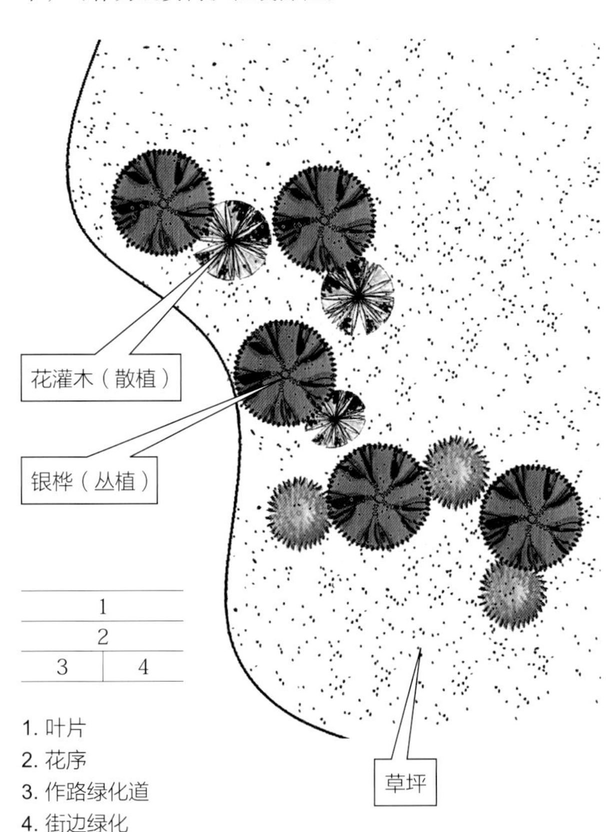

1	
2	
3	4

1. 叶片
2. 花序
3. 作路绿化道
4. 街边绿化

银叶金合欢

Acacia podalyriifolia

含羞草科金合欢属

形态特征 常绿小乔木，高2～7m。树干分枝低。其幼树叶片与成树叶片有差异，前者呈二回羽状复叶，互生，夜间成对相合；而后者则呈椭圆形，终年银绿色，密生于稍下垂的枝条上。头状花序，金黄色，花量大。果带状，淡紫褐色或紫红色。花期1～4月，果期4～5月。

分布习性 原产澳大利亚；我国广东、广西有引种栽培。生长速度快，喜阳，耐旱，耐寒；喜温暖、干燥的气候；喜排水良好的土壤，贫瘠土壤也能生长，能改良土壤、保持水土、防风固沙。

繁殖栽培 可播种繁殖，春季为播种适期。种子含蜡质，播种前先以80℃热水浸烫，软化种皮后再播种，能促进发芽。老龄母树采集或储藏期较久的种子，需要沸水浸种或用硫酸拌种15分钟，洗净后播种。由于须根少，不耐移植，在沙床播种成苗后，移入盆器内培养，再逐渐更换大盆，待株高1m以上再行定植。

园林用途 树型美观俊挺，花色鲜黄醒目，散植或群植于公园、风景区绿地或池畔，其园林景观效果甚好。

1
2
3

1. 花序
2. 花团锦簇
3. 在绿地中形成美丽的景观

银钟花

Tabebuia caraib

紫葳科黄钟木属

形态特征 常绿乔木，高10m左右。枝绿色；复叶，对生；叶柄长，柄端长出5片掌状小叶，小叶革质，长卵形或倒卵状长椭圆形，基部圆形或宽楔形，叶全缘，淡绿色泛白，中脉明显。花黄色。

分布习性 原产国外，我国云南西双版纳引种栽培。

繁殖栽培 播种和扦插繁殖育苗。

园林用途 树冠广展圆整，叶片光绿如银，花色鲜黄醒目，可孤植、散植于公园、风景区绿地，园林景观效果甚佳。

1	
2	
3	4

1. 散植林地
2. 银钟花在林地中的景观
3. 庭园美化
4. 枝叶

樱 花

Cerasus serrulata

蔷薇科樱属

形态特征 落叶乔木，高4～16m，树皮灰色。小枝淡紫褐色，无毛，嫩枝绿色，被疏柔毛。叶片椭圆卵形或倒卵形，先端渐尖或骤尾尖，基部圆形，稀楔形，边有尖锐重锯齿，齿端渐尖。花序伞形总状，有花3～4朵，先叶开放；花瓣白色或粉红色，椭圆卵形。花期4月，果期5月。

分布习性 原产北半球温带地区，包括日本、印度北部。我国台湾、长江流域也产。性喜阳光，喜欢温暖湿润的气候环境，对土壤要求不严，以深厚肥沃的沙质土壤生长最好。

繁殖栽培 主要用嫁接，少数情况下用压条、扦插繁殖，但成活率较低。嫁接包括芽接和枝接。砧木主要用樱桃，也可用大山樱、尾叶樱、桃等实生苗。到秋季或第二年早春播种，粗壮的播种苗到秋季用作芽接砧木。芽接活后，不要剪去枝梢，待第二年早春萌芽前在离接芽上端2cm处剪去砧木，促使接芽萌发生长。枝接一般用切接或劈接，在春季3月萌芽前进行。

园林用途 为重要的早春观花树种。群植于山坡、庭院、路边、建筑物前。盛开时节，花繁艳丽，满树烂漫，如云似霞，极为壮观。

<table>
<tr><td>1</td><td colspan="2" rowspan="2">4</td></tr>
<tr><td>2</td></tr>
<tr><td>3</td><td>5</td><td>6</td></tr>
</table>

1. 美化街头绿地
2. 枝叶
3. 花序
4、5、6. 在园中群植，花繁艳丽，如云似霞，景观壮丽

玉 蕊

Barringtonia racemosa

玉蕊科玉蕊属

形态特征 常绿小乔木或中等大乔木，高可达20m；叶常丛生枝顶，有短柄，纸质，倒卵形至倒卵状椭圆形或倒卵状矩圆形，顶端短尖至渐尖，基部钝形，常微心形，边缘有圆齿状小锯齿。总状花序顶生，稀在老枝上侧生，下垂，长达70cm或更长；果实卵圆形。花期几乎全年。

分布习性 原产于我国台湾、海南岛。广布于非洲、亚洲和大洋洲的热带、亚热带地区。

繁殖栽培 一般采用高压和扦插繁殖。高压繁殖宜选用前1年生或当年生且已木质化的枝条，宜在8月份以前进行。扦插可采用半木质化的枝条，除去部分叶片插于腐殖土中，当年可生根，玉蕊扦插繁殖和高压繁殖的成活率较高，若管理较好，可达90%以上。

园林用途 树姿优美，枝叶繁茂，花朵洁白清丽，秋季果熟，鲜蓝色的累累果实亦堪观赏。是一种优良的观赏花木。

	1	2
4	3	

1. 果序
2. 花序
3、4. 树姿优美，枝繁叶茂

雨　树

Samanea saman

含羞草科雨树属

形态特征　落叶大乔木；树冠极广展，干高10～25m，分枝甚低；幼嫩部分被黄色短茸毛。羽片3～6对，羽片及叶片间常有腺体；小叶3～8对，由上往下逐渐变小，斜长圆形。花玫瑰红色，组成单生或簇生的头状花序，生于叶腋。荚果长圆形，直或稍弯，通常扁压；果瓣厚，绿色。花期8～9月。

分布习性　原产热带美洲，现广植于全世界热带地区；我国台湾、海南和云南（西双版纳）有引种。

繁殖栽培　以播种、扦插繁殖。播种前先要对种子进行挑选，应选取当年采收、籽粒饱满、没有残缺或畸形及无病虫害的种子，再进行催芽、播种；当大部分的幼苗长出了3片以上的叶子后，就可移栽。扦插于春末秋初，用当年生的枝条进行嫩枝扦插，或于早春用去年生的枝条进行老枝扦插。

园林用途　本树种生长快，分枝多，树叶密，冠幅大，遮阴效果好，可孤植、散植于草坪，园林景观效果甚好。

1
2
3

1、2. 广展的树冠，遮阴效果好

3. 枝叶、花序

紫玉兰

Magnolia liliflora

木兰科木兰属

形态特征 落叶乔木，高达5m，常丛生，树皮灰褐色，小枝绿紫色或淡褐紫色。叶椭圆状倒卵形或倒卵形，先端急尖或渐尖，基部渐狭沿叶柄下延至托叶痕，上面深绿色；花蕾卵圆形，被淡黄色绢毛；花叶同时开放，瓶形，直立于粗壮、被毛的花梗上，稍有香气；花被片9～12，外轮3片萼片状，紫绿色，披针形，常早落，内两轮肉质，外面紫色或紫红色，内面带白色，花瓣状，椭圆状倒卵形；雄蕊紫红色。聚合果深紫褐色，变褐色，圆柱形。花期3～4月，果期8～9月。

分布习性 原产于我国福建、湖北、四川、云南西北部。性喜光，不耐阴；较耐寒，喜肥沃、湿润、排水良好的土壤，忌黏质土壤，不耐盐碱；肉质根，忌水湿。

繁殖栽培 可用分株、压条、扦插和播种法繁殖。分株春、秋季均可进行，挖出枝条茂密的母株分别栽植，并修剪根系和短截枝条。压条可选生长良好植株，如有分枝可压在分枝上。压条时间早春2～3月，压后当年生根。将带红色外种皮的果实放在冷水中浸泡搓洗，除净外种皮，取出种子晾干，层积沙藏，于翌春播种。扦插时间对成活率的影响很大，一般5～6月进行，插穗以幼龄树的当年生枝成活率最高。

园林用途 姿形俏丽，枝头生花；朵儿亭亭，色紫华贵，浑如粉装，好似玉琢；幽雅飘逸，争奇斗艳，芳香宜人。孤植、散植于公园绿地，园林景观甚好。

1. 繁花朵朵，芳香宜人
2. 作行道树

第七章 赏果类乔木

澳洲坚果

Macadamia ternifolia

山龙眼科澳洲坚果属

形态特征 常绿乔木，高5～15m。叶革质，通常3枚轮生或近对生，长圆形至倒披针形，顶端急尖至圆钝，有时微凹，基部渐狭。总状花序，腋生或近顶生；花淡黄色或白色。果球形，顶端具短尖，开裂；种子通常球形。花期4～5月（广州），果期7～8月。

分布习性 原产于澳大利亚的东南部热带雨林中；云南（西双版纳）、广东、台湾有栽培。现世界热带地区有栽种。

繁殖栽培 采用嫁接和扦插。嫁接砧木苗培育应选择粒大发育正常的种子，于11月播种培育，种子选好后在沙床上催芽，一般40～50天种子开始萌芽，当苗茎粗达0.8～2.5cm时即可嫁接，嫁接采用腹接法和劈接法。扦插选择生长健壮的1～2年生枝条，在插前18～22天环剥，增加养分积累，提高成活率。

园林用途 树姿优美，枝叶稠密，花美丽而芳香，抗病虫，是优良的园林绿化树种。

1	
2	
3	4

1. 林地景观
2. 植于园路旁
3. 叶
4. 果

扁　桃

Mangifera persiciformis

漆树科杧果属

形态特征　常绿乔木，高10～19m；小枝圆柱形，无毛，灰褐色，具条纹。叶薄革质，狭披针形或线状披针形，先端急尖或短渐尖，基部楔形，边缘皱波状。圆锥花序顶生，单生或2～3条簇生，花黄绿色；子房球形。果桃形，略压扁，长约5cm，宽约4cm，果肉较薄。

分布习性　原产泰国、缅甸、越南等地；我国云南、贵州、广东、广西等地也有分布。喜光，喜温暖湿润气候，适应性较强，抗风，不耐寒。

繁殖栽培　可播种繁殖；也可嫁接、空中压条及扦插等。播种时，选择以种核饱满的种子为佳，可有效提高发芽率。在不同的嫁接时期中，以3月份的接活率最高，9月次之，6月及12月最差。

园林用途　树干通直，高大常绿，树冠呈球形，枝繁叶茂，根系深直，是庭园绿化和行道树的优良树种。

1、2. 作行道树

波罗蜜

Artocarpus heterophyllus

桑科波罗蜜属

形态特征 常绿乔木，高10～20m；老树常有板状根；树皮厚，黑褐色；叶革质，螺旋状排列，椭圆形或倒卵形，先端钝或渐尖，基部楔形，成熟之叶全缘，或在幼树和萌发枝上的叶常分裂，表面墨绿色，干后浅绿或淡褐色，无毛，有光泽，背面浅绿色，略粗糙。花雌雄同株，花序生老茎或短枝上，雄花序有时着生于枝端叶腋或短枝叶腋，圆柱形或棒状椭圆形，花多数，其中有些花不发育。聚花果椭圆形至球形，或不规则形状，长30～100cm，直径25～50cm，幼时浅黄色，成熟时黄褐色，表面有坚硬六角形瘤状凸体和粗毛；核果长椭圆形，长约3cm，直径1.5~2cm。花期3～8月，果期6～11月。

分布习性 原产印度西高止山，尼泊尔、不丹、马来西亚也有栽培；我国广东、海南、广西、云南（南部）常有栽培。性喜热带气候。适生于无霜冻、降雨量充沛的地区。喜光，生长迅速，幼时稍耐阴，喜深厚肥沃土壤，忌积水。

繁殖栽培 可用播种或根茎扦插法。种子采自成熟新鲜的果实，取出种子立即播种，约经2～3周即能发芽。春季可掘取扦插或播种成活的幼苗栽植。用实生苗栽培，波罗蜜3～5年能结果。

园林用途 其树形整齐，冠大荫浓，果奇特，以孤植、散植、列植等种植方式，可作为庭荫树和行道树，增添园林景观效果。

1	2	3
4		
5		

1、2. 奇特的果实
3. 叶
4. 丛植于庭园
5. 在园路旁列植

大果榕

Ficus auriculata

桑科榕属

形态特征 常绿乔木，高4～10m，树冠广展。树皮灰褐色。叶互生，厚纸质，广卵状心形，先端钝，具短尖，基部心形，稀圆形，边缘具整齐细锯齿。榕果簇生于树干基部或老茎短枝上，大呈梨形或扁球形至陀螺形，幼时被白色短柔毛，成熟脱落，红褐色，顶生苞片宽三角状卵形，4～5轮覆瓦状排列而成莲座状，基生苞片3枚，卵状三角形；雄花，无柄；雌花，生于另一植株榕果内。瘦果有黏液。花期8月至翌年3月，果期5～8月。

分布习性 原产于我国海南、广西、云南、贵州（罗甸）、四川（西南部）等地。印度、越南、巴基斯坦也有分布。喜生于低山沟谷潮湿雨林中。

繁殖栽培 可用播种、扦插或高压法。3种繁殖方法中，则以高压繁殖育苗生长较迅速，春至夏季为适期。

园林用途 叶硕浓郁，树冠广展，适合植于社区作庭荫树或行道树。

1	2
3	
4	

1. 叶
2. 果
3. 叶硕浓郁，树冠广展
4. 散植林地作庭荫树

蛋黄果

Lucuma nervosa

山榄科蛋黄果属

形态特征 常绿小乔木，高7～9 m，树冠半圆形或圆锥形；主干、主枝灰褐色，树干坚韧，树皮纵裂，嫩枝被褐色短柔毛。叶互生，螺旋状排列，厚纸质，长椭圆形或倒披针形，长26～35 cm，宽6～7 cm；叶缘微浅波状，先端渐尖；中脉在叶面微突起，在叶背则突出明显。花聚生于枝顶叶腋，每叶腋有花1～2朵；花细小，约1 cm，4～5月开花。肉质浆果，形状变化大，果顶突起，常偏向一侧；未熟时果绿色，成熟果黄绿色至橙黄色，光滑，皮薄，长5～8 cm，果肉橙黄色，富含淀粉，质地似蛋黄，且有香气。

分布习性 原产古巴和北美洲热带，主要分布于中南美洲、印度东北部、缅甸北部、越南、柬埔寨、泰国、中国南部。我国广东、广西、云南南部和海南有零星栽培。喜温暖多湿气候，能耐短期高温及寒冷，果熟期忌低温，冬季低温果实变硬。颇能耐旱，对土壤适应性强，但以沙壤土生长为好。

繁殖栽培 用高空压条、芽接及实生繁殖法均可。种子在播种前必须浸水一天，苗床要遮阴保湿。以向南阳光充足及风寒害小的地方为宜，株距4～6m。蛋黄果不同品种其枝梢生长量也有差异。要使枝条在树冠内分布均匀，形成树冠，就需要根据品种枝梢生长特点进行整形修剪。

园林用途 树姿美丽，适合作庭园栽培。

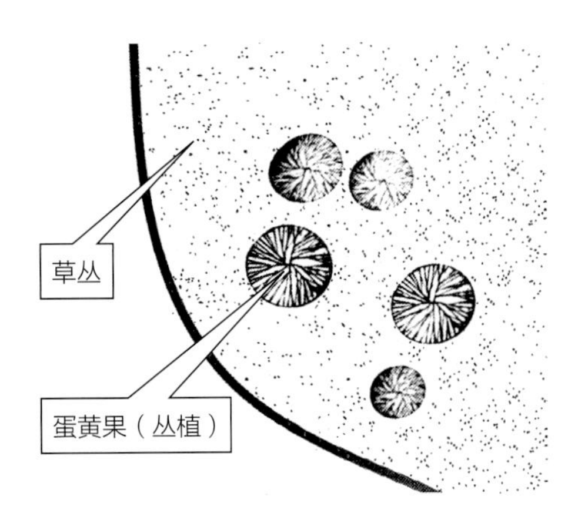

1	
2	3

1. 散植于林地中
2. 树姿美丽
3. 果实

吊瓜树
Kigelia africana
紫葳科吊灯树属

形态特征 常绿乔木。树高可达20m以上。主干粗壮，树冠广圆形或馒头形。奇数羽状复叶，小叶7～11枚，椭圆形，长8～15cm，宽2.5～5cm。圆锥花序长而悬垂，长达1m左右；花紫红色，有特殊气味；花筒长7～8cm；花萼5裂，钟状；花冠为阔钟形，5裂，长约6.5cm。果近圆柱形，坚实粗大，长达30～60cm，直径8～13cm，重5～10kg。花期4～5月，果期9～10月。

分布习性 原产非洲；我国广东、海南、云南、台湾、福建等地均有种植。喜光，喜温暖湿润气候，速生。

繁殖栽培 繁殖可采用播种、扦插和压条等方法进行。采用播种繁殖时，一般10～11月将采下的成熟果实敲开，取出种子晾干，翌年3～4月时播种，播种前可浸种催芽，一般催芽后10～15天即可出芽。但是，由于果实坚硬，果肉高度纤维化，人工直接取出种子较困难，可用水浸泡使其自然腐烂后再取出，稍晾干后，直接播种。小苗经2～3年即可定植。

园林用途 吊瓜树树姿优美，夏季开花成串下垂，花大艳丽，特别是其悬挂之果形似吊瓜，经久不落，新奇有趣，蔚为壮观，是一种十分奇特有趣的高档新优绿化树苗，可用来布置公园、庭院、风景区和高级别墅等处，可单植，也可列植或片植。

1	2
3	
4	

1. 硕大的果实
2. 花序
3. 枝叶
4. 植于路旁，冠大荫浓

瓜 栗

Pachira aquatica

木棉科瓜栗属

形态特征 常绿乔木。茎高可达15m以上，茎皮淡黄褐色，茎基部有发达的板状根，并有疏落的气根。侧枝粗壮，轮生，向四周持平伸展。掌状复叶，色彩墨绿，两端膨大成关节状；一片叶片中的小叶多为8枚，全缘，呈长倒卵形或倒卵状长椭圆形；小叶中部沿中脉下凹，状如小槽。叶的分布疏密度适中。花萼小、杯状、质厚，如海绵状，外面淡黄，里面乳白，盛开时向外弯卷，像剥开的香蕉皮。雄蕊多数，花丝的上、下以粉红和白色相间，花期6月。

分布习性 分布于南美巴西、圭亚那、委内瑞拉等地的热带雨林地区；我国亚热带南部地区也有栽培。性喜在热带环境生长；喜富含腐殖质的酸性、湿润沙质土。

繁殖栽培 种子在9～10月间成熟，宜采后即播；保持湿润、不积水，一般发芽达90%左右，苗期的管理依一般苗木的方法。次年苗高已近1m，第3年即可移至圃地育大苗。

园林用途 宜栽作大型道路的道旁绿化；点缀园林草坪和美化机关庭院、校园等，园林景观效果较好。

	2
1	3

1. 叶片
2. 林地景观
3. 散植于草地

海红豆

Adenanthera microsperma var. *microsperma*

含羞草科海红豆属

形态特征 落叶乔木，高5～20m；二回羽状复叶；叶柄和叶轴被微柔毛，无腺体；羽片3～5对，小叶4～7对，互生，长圆形或卵形，两端圆钝，两面均被微柔毛，具短柄。总状花序单生于叶腋或在枝顶排成圆锥花序，被短柔毛；花小，白色或黄色，有香味。荚果狭长圆形，盘旋；种子近圆形至椭圆形。花期4～7月，果期7～10月。

分布习性 原产于我国云南、贵州、广西、广东、福建和台湾。缅甸、柬埔寨、老挝、越南、马来西亚、印度尼西亚也有分布。多生于山沟、溪边、林中。

繁殖栽培 以播种和扦插繁殖育苗。播种先要选用当年采收且籽粒饱满、没有残缺或畸形的种子。可直接把种子放到基质中；当大部分幼苗长出3片以上的叶子便可移栽。扦插常于春末秋初用当年生的枝条进行嫩枝扦插，或于早春用去年生的枝条进行老枝扦插。

园林用途 “红豆生南国，春来发几枝，愿君多采撷，此物最相思”。是著名观果的园景树。

1
2

1. 在林地中散植
2. 荚果

海南红豆

Ormosia pinnata

蝶形花科红豆属

形态特征 常绿乔木，高3～18m；树皮灰色或灰黑色；奇数羽状复叶，小叶3（～4）对，薄革质，披针形，先端钝或渐尖。圆锥花序顶生；花萼钟状，比花梗长，被柔毛，萼齿阔三角形；花冠粉红色而带黄白色，翼瓣倒卵圆形，龙骨瓣基部耳形。荚果长3～7cm，有种子1～4粒；种子椭圆形，种皮红色。花期7～8月。

分布习性 原产于我国广东（西南部）、海南、广西（南部）。越南、泰国也有分布。生于中海拔及低海拔的山谷、山坡、路旁森林中。

繁殖栽培 采用播种和扦插繁殖。播种前先要挑选当年采收的种子。种子保存的时间越长，其发芽率越低。要求籽粒饱满、无残缺或畸形、无病虫害的种子。春末秋初，用当年生的枝条进行嫩枝扦插，或于早春用去年生的枝条进行老枝扦插。

园林用途 枝叶浓密，树形优美，主干直，生长快，适应性广，夏季浓荫遮蔽，花香扑鼻，是优良的园林绿化树种。

1
2
3

1. 枝叶
2. 果序
3. 枝叶浓密，树形优美

胡 桃

Juglans regia

胡桃科胡桃属

形态特征 落叶乔木，高达20～25m；树干较别的种类矮，树冠广阔；树皮幼时灰绿色，老时则灰白色而纵向浅裂。奇数羽状复叶；小叶通常5～9枚，椭圆状卵形至长椭圆形。雄性柔荑花序下垂；雌性穗状花序。果实近于球状，果核稍具皱曲。花期5月，果期10月。

分布习性 分布于中亚、西亚、南亚和欧洲；我国华北、西北、西南、华中、华南和华东均有分布。生于海拔400～1800m之山坡及丘陵地带；喜温暖湿润环境，较耐干冷，不耐湿热，适于阳光充足、排水良好、湿润肥沃的微酸性至弱碱性壤土或黏质壤土。

繁殖栽培 用种子、嫁接、压条繁殖。种子繁殖时，以选薄壳的单株母种，待果皮由绿色变黄色或黄绿色，50%果实顶端已开裂，青果皮易剥离时采种，不易脱皮时可在室内堆积3～5天，晾干。种子处理常用冷水浸泡2～3天，用湿沙贮藏。待壳破露芽时，分批播种。嫁接繁殖可采用芽接或枝接法。

园林用途 树姿优美，树冠浓郁，散植、列植、片植，均具较好的景观效果，是优良的园林绿化树种。

1	
2	3

1. 树姿优美，树冠荫浓
2. 果
3. 花序

李

Prunus salicina

蔷薇科李属

形状特征 落叶乔木，高9～12m；树冠广圆形，树皮灰褐色，起伏不平；老枝紫褐色或红褐色；小枝黄红色；冬芽卵圆形，红紫色，有数枚覆瓦状排列鳞片。叶片长圆倒卵形、长椭圆形，稀长圆卵形，先端渐尖、急尖或短尾尖，基部楔形，边缘有圆钝重锯齿，常混有单锯齿。花瓣白色，长圆倒卵形；雄蕊多数，花丝长短不等，比花瓣短；雌蕊1，柱头盘状，花柱比雄蕊稍长。核果球形、卵球形或近圆锥形；核卵圆形或长圆形，有皱纹。花期4月，果期7～8月。

分布习性 分布于辽宁、陕西、甘肃、四川、云南、贵州、湖南、湖北、江苏、浙江、江西、福建、广东、广西和台湾。生于山坡灌丛中、山谷疏林中或水边、沟底、路旁等处。海拔400～2600m。各地均有栽培。

繁殖栽培 用分株和嫁接繁殖。常用的砧木有毛桃。芽接一般在7月中旬至9月，枝接宜于冬季或早春萌芽前进行。对气候的适应性强，对土壤只要土层较深，有一定的肥力，不论何种土质都可以栽种。对空气和土壤湿度要求较高，极不耐积水，果园排水不良，常致使烂根、生长不良或易发生各种病害。宜选择土质疏松、土壤透气和排水良好，土层深厚和地下水位较低的地方建园。

园林用途 李及李属栽培品种在园林绿化中应用很广，其适应力亦强。可列植于街道、花坛、建筑物四周，公路两侧等；也可孤植、丛植、群植或片植，以红叶李为主要树种成群成片地种植，构成风景林，独特的叶色和姿态一年四季都很美丽。

同属植物 樱桃李 *Prunus cerasifera*，其花通常单生，很少混生2朵；叶片下面除中肋被毛外其余部分无毛。紫叶李 *Prunus cerasifera* f. *atropurpurea*，为樱桃李的栽培品种，因常年叶片紫色，引人注目。华北庭园习见观赏树木之一。

1	
2	3

1. 李园
2. 散植于绿地
3. 果实

荔 枝

Litchi chinensis

无患子科荔枝属

形态特征 常绿乔木，高可达20m，树冠广阔，枝多扭曲。偶数羽状复叶。圆锥花序，花小，无花瓣，绿白或淡黄色，有芳香。果卵圆形至近球形，长2～3.5cm，果皮有多数鳞斑状突起，成熟时通常显暗红色至鲜红色；种子全部被肉质假种皮包裹；果肉鲜时半透明凝脂状，味香美。花期春季，果期夏季。

分布习性 荔枝原产于中国，主要分布于我国华南地区，如广东、福建、广西、四川、台湾、云南等地，尤其是广东和福建南部栽培最盛。喜光，喜暖热湿润气候及富含腐殖质之深厚、酸性土壤，怕霜冻。

繁殖栽培 通常荔枝采用圈枝法繁殖育苗，一年四季都可进行，通常以2～4月最适宜。圈枝的母枝应选择品种纯正、品质优良、生势壮旺、丰产稳产的壮年结果树。所圈的枝条以选择3～4年生，径粗约2cm，表皮光滑无损伤，枝干直而发育健壮的为好。圈枝时，在选定的枝条上取平直的部位用圈枝刀在上、下各环切一刀，深度达木质部，圈口宽约3cm，将皮剥去后，再用刀背刮净残留的形成层，然后包裹促根介质。最好在剥皮后让剥口晒太阳6～7天，把残留的形成层细胞晒死，或等伤口愈伤组织瘤状物形成后才包扎促根介质，这样可避免残留的形成层细胞重新分裂、分化出新的韧皮部组织，导致育苗失败。

首先要选择大苗，嫁接苗要求生长健壮、叶片浓绿、出土部茎粗至少应在1.5cm以上，苗高应在60cm以上，其次要选用优良晚熟品种，最好有2个以上、成熟期较为一至的品种混植。定植地要求土层深厚、土壤肥沃、富含有机质的微酸性土壤。最好交通便利、水源排灌方便，不宜选用紫色页岩土和海拔在600m以上的区域定植。

园林用途 荔枝树干多枝，树冠圆且茂密；孤植于草坪，或群植于园隅，或列植于园道旁，以供观赏。

1	
2	3
4	

1. 在草地上散植
2. 路旁点缀
3. 果序
4. 列植篱旁

鳞斑荚蒾

Viburnum punctatum

忍冬科荚蒾属

形态特征 常绿小乔木，高可达9m；枝灰黄色，后变灰褐色。冬芽裸露。叶硬革质，矩圆状椭圆形或矩圆状卵形，少有矩圆状倒卵形，全缘或有时上部具少数不整齐浅齿，边内卷。聚伞花序复伞形式，平顶。果实先红色后转黑色，宽椭圆形。花期4～5月，果熟期10月。

分布习性 分布于我国四川、贵州及云南。印度、尼泊尔、不丹、缅甸北部、泰国、越南、柬埔寨和印度尼西亚的苏门答腊北部也有分布。

繁殖栽培 采用播种繁殖育苗。

园林用途 树姿秀美，枝冠茂盛，仲春白花点点，秋日红果累累，极富观赏价值，是著名的园林观果树种。

同属植物 锥序荚蒾 *Viburnum pyramidatum*，常绿小乔木，高达7m。叶厚纸质，卵状矩圆形至矩圆形或宽椭圆形。圆锥式花序尖塔形。果实深红色，矩圆形、宽椭圆形至倒卵状矩圆形。花期12月至翌年1月，果熟期11～12月。

1. 果序
2. 林地景观

龙 眼

Dimocarpus longan

无患子科龙眼属

形态特征 常绿乔木，通常高达10m左右。具板根。小枝粗壮，被微柔毛，散生苍白色皮孔。偶数羽状复叶，互生；叶连柄长15～30cm，或更长；小叶4～5对，很少3或6对，小叶柄长通常不超过5mm；叶片薄革质，长圆状椭圆形至长圆状披针形，深绿色，有光泽，下面粉绿色，两面无毛。花序大型，多分枝，顶生和近枝腋生，密被星状毛；花梗短；萼片、花瓣各5，花瓣乳白色，披针形，与萼片近等长，仅外面被微柔毛；雄蕊8，花丝被短硬毛。果近球形，核果状，不开裂，直径1.2～2.5cm，通常黄褐色或有时灰黄色，外面稍粗糙，或少有微凸的小瘤体；种子茶褐色，光亮，全部被肉质的假种皮包裹。花期3～4月，果期7～9月。

分布习性 原产于我国南部及西南部，现主要分布于广东、广西、福建和台湾等地，此外，海南、四川、云南和贵州也有小规模栽培。世界上栽培龙眼的国家和地区还有泰国、越南、老挝、缅甸、斯里兰卡、印度、菲律宾、马来西亚、印度尼西亚、马达加斯加、澳大利亚的昆士兰州、美国的夏威夷和佛罗里达州等。分布区年平均气温24～26℃，年降水量900～1700mm。喜干热环境，在全年生长发育过程中，冬春（11～4月）要求18～25℃的气温和适当的干旱，夏秋间（5～11月）生长期需要26～29℃的高温和充沛的雨量。

繁殖栽培 以播种繁殖；栽培品种须采用嫁接繁殖法。7～8月果实成熟呈黄褐色时采摘。种子寿命短，剥去果壳后除去假种皮，用清水洗净后即行播种。待苗高8～10cm时，分床栽植或移入营养袋内，用半年或1年生苗于春雨或秋雨天移植。

园林用途 树形优美，冠幅浓郁，常孤植、散植、列植于庭院、风景区绿地，具较好的园林景观效果。

1	
2	3
4	

1. 累累果实缀满枝头，丰富了景观
2. 果序
3. 孤植于草地
4. 美化庭园

杧　果

Mangifera indica

漆树科杧果属

形态特征　常绿大乔木，高10～20m；树皮灰褐色，小枝褐色，无毛。叶薄革质，常集生枝顶，叶形和大小变化较大，通常为长圆形或长圆状披针形，先端渐尖、长渐尖或急尖，基部楔形或近圆形，边缘皱波状，无毛，叶面略具光泽。圆锥花序，多花密集，被灰黄色微柔毛，分枝开展；花小，杂性，黄色或淡黄色。核果大，肾形（栽培品种其形状和大小变化极大），成熟时黄色，中果皮肉质，肥厚，鲜黄色，味甜，果核坚硬。

分布习性　分布于印度、孟加拉国、中南半岛和马来西亚；我国云南、广西、广东、福建、台湾也有分布。生于海拔200～1350m的山坡、河谷或旷野的林中。

繁殖栽培　可播种繁殖，一般称“宝生苗”；也可嫁接、空中压条及扦插等。播种时，选择以种核饱满的种子为佳，稍加洗净残肉阴干即可。在播种前须先行剥壳处理，操作时可用剪定铗反转夹住种核尾端，沿缝合线向下扭转，撕开一边种壳，反过来再撕开另一边，裂口愈大愈容易取出种核内的胚仁，但应尽量不要伤及胚仁，除去外种皮及覆土2cm，可有效提高发芽率。

在不同的嫁接时期中，以3月份的接活率最高。

园林用途　树冠球形，常绿，郁闭度大，为热带良好的庭园和行道树种。

1	
2	3
4	

1. 杧果树在景观中，具有热带风情
2. 果实成熟时的景观
3. 果实
4. 作行道树

牛筋条

Dichotomanthus tristaniaecarpa

蔷薇科牛筋条属

形态特征 常绿小乔木，高2～4m；枝条丛生；树皮光滑，暗灰色，密被皮孔。叶片长圆披针形，有时倒卵形、倒披针形至椭圆形，先端急尖或圆钝并有凸尖，基部楔形至圆形，全缘。花多数，密集成顶生复伞房花序。果期心皮干燥，革质，长圆柱状，顶端稍具短柔毛，褐色至黑褐色，突出于肉质红色杯状萼筒之中。花期4～5月，果期8～11月。

分布习性 分布于我国云南、四川。性喜光，稍耐阴，耐旱耐瘠薄，不耐寒。

繁殖栽培 采用播种和扦插繁殖育苗。

园林用途 其树干密集，四季常绿，秋天红果累累，是适宜孤植或散植于社区庭院的观赏树种。

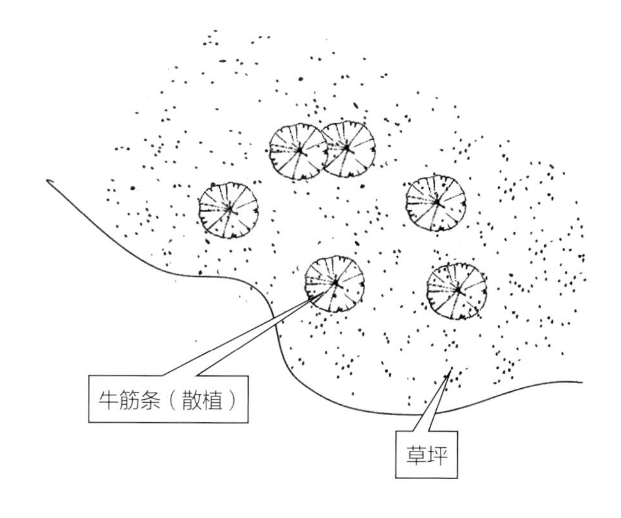

1
2
3

1. 果枝
2. 散植绿地中
3. 稀树草地景观

枇 杷

Eriobotrya japonica

蔷薇科枇杷属

形态特征 常绿小乔木，高可达10m；小枝粗壮，黄褐色，密生锈色或灰棕色茸毛。叶片革质，披针形、倒披针形、倒卵形或椭圆长圆形，长12～30cm，宽3～9cm，先端急尖或渐尖，基部楔形或渐狭成叶柄，上部边缘有疏锯齿，基部全缘，上面光亮，多皱，下面密生灰棕色茸毛，侧脉11～21对。圆锥花序顶生，具多花；总花梗和花梗密生锈色茸毛；苞片钻形，密生锈色茸毛；萼筒浅杯状，萼片三角卵形，先端急尖，萼筒及萼片外面有锈色茸毛；花瓣白色，长圆形或卵形，基部具爪，有锈色茸毛。果实球形或长圆形，黄色或橘黄色，外有锈色柔毛，不久脱落；种子1～5，球形或扁球形，褐色，光亮，种皮纸质。花期10～12月，果期5～6月。

分布习性 分布于我国甘肃、陕西、河南、江苏、安徽、浙江、江西、湖北、湖南、四川、云南、贵州、广西、广东、福建、台湾，各地广行栽培。日本、印度、越南、缅甸、泰国、印度尼西亚也有栽培。

繁殖栽培 以播种、嫁接繁殖为主，亦可高枝压条。可用实生苗或石楠作砧木。栽植要注意背风向阳，常保持湿润，排水良好。采果后和初花发育应注意施肥，通常不修剪，只须将紊乱枝剪去，切不可将枝条顶端剪掉。

园林用途 适应性强，可孤植、列植、散植于公园、风景区草地，也常植于庭园，作为园艺观赏植物，硕果累累，果味甘美，情趣盎然。

1、2. 散植于园林中
3. 枝叶
4. 庭园绿化

苹 果

Malus pumila

蔷薇科苹果属

形态特征 落叶乔木，高可达15m，多具有圆形树冠和短主干；小枝短而粗，圆柱形，幼嫩时密被茸毛，老枝紫褐色，无毛；冬芽卵形，先端钝，密被短柔毛。叶片椭圆形、卵形至宽椭圆形，先端急尖，基部宽楔形或圆形，边缘具有圆钝锯齿，幼嫩时两面具短柔毛，长成后上面无毛。伞房花序，具花3～7朵，集生于小枝顶端，密被茸毛；苞片膜质，线状披针形，先端渐尖，全缘，被茸毛；花直径3～4cm；花瓣倒卵形，基部具短爪，白色，含苞未放时带粉红色；雄蕊20，花丝长短不齐，约等于花瓣之半。果实扁球形，直径在2cm以上，先端常有隆起，萼洼下陷，萼片永存，果梗短粗。花期5月，果期7～10月。

分布习性 原产欧洲及亚洲中部，栽培历史已久，全世界温带地区均有种植。我国辽宁、河北、山西、山东、陕西、甘肃、四川、云南、西藏常见栽培。适生于山坡梯田、平原旷野以及黄土丘陵等处，海拔50～2500m。

繁殖栽培 以嫁接育苗。嫁接用砧木苗主要采用种子实生繁殖，海棠是应用较多的半矮化砧木种类。嫁接通常采用芽接和枝接两种。芽接一般在果树生长季节都可进行，但伏天嫁接最好。枝接，砧木较细时通常用切接，较粗时用劈接，枝接由于伤面较大，所以要特别注意伤口，绑扎时一定要封严封实，同时对接穗还要进行封顶，防止进水和失水风干。苗木嫁接后，进行苗期管理。

园林用途 在园林中，苹果适合散植于庭院及专类园，赏花尝果，情趣盎然。

同属植物 花红 *Malus asiatica*，小乔木，高达6m；小枝粗壮，暗紫色，幼时密生柔毛。叶卵状椭圆形，长5～11cm，锯齿细尖，背面有短柔毛。花粉红色，开后变白色。果较苹果小，径4～5cm，黄色，顶端无棱脊。原产亚洲东部；我国新疆、内蒙古、辽宁、黄河流域、长江流域至西南各地作果树栽培。喜光，喜温凉气候及肥沃湿润土壤。

1	
2	
3	4

1、2. 可用于庭园绿化
3. 果实
4. 花

蒲　桃

Syzygium jambos

桃金娘科蒲桃属

形态特征　常绿乔木，高可达10m。树冠球形，小枝压扁状，近四棱形。单叶，具短柄，革质，表面有光泽，披针形至长圆状披针形，顶端渐尖，基部楔形，叶背侧脉明显，全缘。伞房花序顶生，花绿白色，常数朵聚生；萼倒圆锥形，4裂片；雄蕊多数，比花瓣长。果圆球状或卵形，径2.5～4cm，淡黄绿色，内有种子1～2粒。花期3～5月，果熟期6～9月。

分布习性　分布于我国台湾、福建、广东、广西、贵州、云南等地。中南半岛、马来西亚、印度尼西亚等地亦有分布。性喜暖热气候，喜温暖湿润、阳光充足的环境和肥沃疏松的沙质土壤，喜生于水边及河谷湿地。

繁殖栽培　主要采用空中压条法（即圈枝繁殖），在每年5～9月高温多湿雨季进行。选发育充实的枝条，先在基部施行环状剥皮后，用湿润土壤与禾草混合的泥团包在环状剥皮处和其上下边，再用透明胶纸包扎，上下两端用尼龙绳紧缚。约经1个月，新根在剥皮处上端长出；约3个月后，新根长出很多，将生根部以下剪断，即成独立的幼苗。先假植在苗圃继续培育，翌年春季定植绿地。

园林用途　蒲桃分枝多而低，叶密集而浓绿，冠幅大如广伞形。可作湖旁、溪边和草坪旷地的风景绿化树，亦是南方水乡理想的固堤树种。

同属植物　海南蒲桃 *Syzygium cumini*，适宜于热带、南亚热带地区生长。在我国的云南、广西、海南、广东、福建等地有栽培，是速生、丰产、优质的乡土阔叶树种，具有适应性强、根系发达、主根深、抗风力强、耐火、耐旱、生长迅速、萌芽力强、持水力强等特点，树干通直，树冠优美、花朵清香，是优良的水源涵养林树种和绿化树种，果可食。

洋蒲桃 *Syzygium samarangense*，台湾叫莲雾，是热带多年生常绿乔木。原产马来半岛、安达曼群岛。树冠广阔，四季常青，挂果期可长达1个月，是著名的热带果树、庭园绿化树和蜜源树。

大叶丁香 *Syzygium caryophyllatum*，分布于热带非洲，坦桑尼亚国花。

1		5		9
2		6		10
3	4	7	8	

1. 海南蒲桃列植于花坛
2. 蒲桃群植
3、4. 洋蒲桃果
5. 蒲桃列植路旁
6. 海南蒲桃植于花坛
7. 大叶丁香叶
8. 洋蒲桃叶
9. 蒲桃果
10. 洋蒲桃植于水畔

清香木

Pistacia weinmannifolia

漆树科黄连木属

形态特征 常绿小乔木，高2～8m，稀达10～15m；树皮灰色，小枝具棕色皮孔，幼枝被灰黄色微柔毛。偶数羽状复叶互生，有小叶4～9对，叶轴具狭翅，上面具槽，被灰色微柔毛，叶柄被微柔毛；小叶革质，长圆形或倒卵状长圆形，较小，先端微缺，具芒刺状硬尖头，基部略不对称，全缘，略背卷，两面中脉上被极细微柔毛，侧脉在叶面微凹，在叶背明显突起。花序腋生，与叶同出，被黄棕色柔毛和红色腺毛；花小，紫红色，无梗，卵圆形，内凹，外面被棕色柔毛，边缘具细睫毛；雄花长圆形或长圆状披针形，膜质，半透明，先端渐尖或呈流苏状；雌花被片7～10，卵状披针形，膜质，先端细尖或略呈流苏状，外面2～5片边缘具睫毛。核果球形，成熟时红色，先端细尖。

分布习性 分布于云南、西藏、四川、贵州、广西等地。缅甸也有分布。生于海拔580～2700m的石灰山林下或灌丛中。为阳性树种，也稍耐阴；喜温暖，要求土层深厚，萌发力强，生长缓慢，寿命长，但幼苗的抗寒力不强，在华北地区需加以保护。植株能耐－10℃低温，喜光照充足、不易积水的土壤。

繁殖栽培 种子繁殖，也可扦插繁殖。播种繁殖，种子成熟期与散落期非常接近，一到成熟遇风遇雨即脱落，不易收集，或遭鸟兽啄食。当种子开始出现成熟征兆时，及时从树上将种子采回。春秋播种皆可，一般秋播发芽率比春播要高。播前将精选好的种子置于始温为20℃左右温水中浸泡24小时，种子吸水膨胀，捞出置暖湿条件下催芽。春秋皆可扦插育苗。在树木休眠期，选取壮年母树1年生健壮枝，截成10～15cm长的插穗扦插。

园林用途 在园林中，常以老树孤植于宾馆酒店门前；也将残朽老树桩制作盆景，碧叶红果，景致尤为引人注目。

1	4
2	
3	

1. 散植于草地上
2. 枝叶
3. 果序
4. 孤植的老树

桑
Morus alba
桑科桑属

形态特征 落叶乔木，偶有灌木。高3～10m或更高，胸径可达50cm，树皮厚，灰色，具不规则浅纵裂；小枝有细毛。叶卵形或广卵形，先端急尖、渐尖或圆钝，基部圆形至浅心形，边缘锯齿粗钝，有时叶为各种分裂，表面鲜绿色，无毛，背面沿脉有疏毛，脉腋有簇毛。花单性，腋生或生于芽鳞腋内，与叶同时生出；雄花序下垂，密被白色柔毛。花被片宽椭圆形，淡绿色。聚花果卵状椭圆形，成熟时红色或暗紫色。花期4～5月，果期5～8月。

分布习性 原产我国中部和北部，现由东北至西南各地，西北直至新疆均有栽培。朝鲜、日本、蒙古、中亚各国、俄罗斯、欧洲等地以及印度、越南亦均有栽培。垂直分布在海拔1200m以下；性喜光，对气候、土壤适应性都很强。耐寒，可耐-40℃的低温，耐旱，耐水湿。也可在温暖湿润的环境生长。喜深厚疏松肥沃的土壤，能耐轻度盐碱（0.2%）。抗风，耐烟尘，抗有毒气体。

繁殖栽培 播种、扦插、分根、嫁接繁殖皆可。可根据用途，培育成高干、中干、低干等多种形式；在园林上，一般采取高干广卵形树冠。

园林用途 其树冠丰满，枝叶茂密，秋叶金黄，适生性强，管理容易，为城市绿化的先锋树种。宜孤植作庭荫树，也要与喜阴花灌木配置树坛、树丛或与其它树种混植风景林，果能吸引鸟类，构成鸟语花香的自然景观。

1	
2	3
4	

1. 桑田
2. 百年老树
3. 果实
4. 草地上散植

山　楂

Crataegus pinnatifida

蔷薇科山楂属

形态特征　落叶乔木，高达6m，树皮粗糙，暗灰色或灰褐色；刺长约1～2cm，有时无刺；小枝圆柱形，当年生枝紫褐色，无毛或近于无毛，疏生皮孔，老枝灰褐色。叶片宽卵形或三角状卵形，稀菱状卵形，先端短渐尖，基部截形至宽楔形，通常两侧各有3～5羽状深裂片，裂片卵状披针形或带形，先端短渐尖，边缘有尖锐稀疏不规则重锯齿，上面暗绿色有光泽，下面沿叶脉疏生短柔毛或在脉腋有髯毛。伞房花序具多花；花瓣倒卵形或近圆形，白色；果实近球形或梨形，深红色，有浅色斑点。花期5～6月，果期9～10月。

分布习性　分布于我国黑龙江、吉林、辽宁、内蒙古、河北、河南、山东、山西、陕西、江苏。朝鲜和俄罗斯西伯利亚也有分布。生于山坡林边或灌木丛中。海拔100～1500m。

繁殖栽培　多用嫁接法，砧木用野山楂或栽培品种均可。山楂种子坚硬，透水性能差，萌发困难，需经过两个冬天的沙藏，才能解除种子的休眠期。使种壳开裂萌发，一般育出山楂成苗要4年。少量砧木也可用自然根蘖，或直接利用0.5～1cm粗的根段，剪成15cm左右长度，在春季进行根插育苗，或在根段上枝接品种接穗后扦插育苗。具体嫁接操作技术与苹果、梨相似。

园林用途　山楂秋季结果累累，经久不凋，颇为美观。可种植作绿篱和观赏树，园林效果颇佳。

同属植物　野山楂 *Crataegus cuneata*，高达15m，分枝密，通常具细刺；叶片宽倒卵形至倒卵状长圆形。伞房花序，总花梗和花梗均被柔毛。花瓣近圆形或倒卵形。果实近球形或扁球形，红色或黄色。花期5～6月，果期9～11月。

山里红 *Crataegus pinnatifida* var. *major*，落叶乔木，高达6m；有刺；小枝圆柱形；叶片宽卵形或三角状卵形，稀菱状卵形，先端短渐尖，基部截形至宽楔形。伞房花序具多花，花瓣倒卵形或近圆形，白色；果实近球形或梨形，深红色，有浅色斑点。花期5～6月，果期9～10月。

1	2
3	
4	

1. 山里红
2. 山楂
3. 花序
4. 山楂花期

沙 梨

Pyrus pyrifolia

蔷薇科梨属

形态特征 落叶乔木，高达7～15m；小枝嫩时具黄褐色长柔毛或茸毛，不久脱落，2年生枝紫褐色或暗褐色，具稀疏皮孔；冬芽长卵形，先端圆钝。叶片卵状椭圆形或卵形，先端长尖，基部圆形或近心形，稀宽楔形，边缘有刺芒锯齿，微向内合拢，上下两面无毛或嫩时有褐色绵毛；叶柄长3～4.5cm。伞形总状花序，具花6～9朵；总花梗和花梗幼时微具柔毛，花梗长3.5～5cm；苞片膜质，线形，边缘有长柔毛；花直径2.5～3.5cm；萼片三角卵形，先端渐尖，边缘有腺齿；外面无毛，内面密被褐色茸毛；花瓣卵形，先端啮齿状，基部具短爪，白色；果实近球形，浅褐色，有浅色斑点，先端微向下陷，萼片脱落；种子卵形，微扁，深褐色。花期4月，果期8月。

分布习性 原产我国华东、华中、华南、西南。我国南北各地以及朝鲜、日本均有栽培。适宜生长在温暖而多雨的地区，海拔100～1400m。

繁殖栽培 多以豆梨为砧木进行嫁接繁殖。在谢花后即应进行疏果。每条花穗最好只留1个果，最多不宜超过2个。疏花、疏果要早，要及时，这样才能使沙梨花健、果壮、优质。

园林用途 梨树冠优美，花色纯白，梨果香甜可口，是优良的庭园观赏树种。

同属植物 白梨 *Pyrus bretschneideri*，其叶片基部常呈楔形，花较小，果皮黄色。

秋子梨 *Pyrus ussuriensis*，其果皮褐色，不具宿萼；叶片上具有明显的刺芒锯齿和花柱基部具有疏毛。

川梨（棠梨）*Pyrus pashia*，叶片卵形至长卵形，稀椭圆形；伞形总状花序，具花7～13朵，白色；花期3～4月，果期8～9月。

1	
2	3
4	

1. 孤植于草坪
2. 沙梨在绿地中
3. 沙梨果
4. 川梨植于建筑旁

柿

Diospyros kaki

柿科柿属

形态特征　落叶大乔木，通常高达10～14m。嫩枝初时有棱，有棕色柔毛或茸毛或无毛。冬芽小，卵形；叶纸质，卵状椭圆形至倒卵形或近圆形，通常较大，新叶疏生柔毛，老叶上面有光泽，深绿色。花雌雄异株，但间或有雄株中有少数雌花，雌株中有少数雄花的，花序腋生，为聚伞花序；雌花单生叶腋。果形种种，有球形、扁球形、球形而略呈方形、卵形，等等。花期5～6月，果期9～10月。

分布习性　原产我国长江流域。目前在辽宁西部、长城一线，经甘肃南部，折入四川、云南，东至台湾各地多有栽培。性喜温暖，充足阳光及深厚、肥沃、湿润、排水良好的土壤，适生于中性土壤，较能耐寒，较能耐瘠薄，抗旱性强，不耐盐碱土。

繁殖栽培　主要以嫁接法繁殖。通常用栽培的柿子或野柿作砧木。嫁接有劈接和插皮接两种，还有芽接法，在6～7月份进行。柿树枝条含单宁，创伤处容易氧化变色，影响成活，所以要求以最快的速度完成嫁接。

园林用途　在园林中，柿树叶大荫浓，秋末冬初，霜叶染成红色，冬月，落叶后，柿实殷红不落，一树满挂累累红果，增添优美景色，是优良的风景树。

同属植物　油柿 *Diospyros oleifera*，叶片无光泽，两面都有灰黄色或灰黄褐色柔毛，果有稍长的软毛，成熟时分泌有胶状黏物质。

老鸦柿 *Diospyros rhombifolia*，叶为菱状倒卵形，宿存萼的裂片为长圆状披针形，果柄较短。

粉叶柿 *Diospyros glaucifolia*，叶片较大，叶基部圆形、截形或浅心形，叶柄远较长，果嫩时绿色至橙黄色，熟时红色。

1	2
3	
4	

1. 油柿
2. 柿果
3. 列植成景
4. 柿优美的树姿

石 榴

Punica granatum

石榴科石榴属

形态特征 落叶小乔木，高通常3～5m，稀达10m，枝顶常成尖锐长刺，幼枝具棱角，无毛，老枝近圆柱形。叶通常对生，纸质，矩圆状披针形，顶端短尖、钝尖或微凹，上面光亮。花大，1～5朵生枝顶；萼筒长2～3cm，通常红色或淡黄色，裂片略外展，卵状三角形，外面近顶端有一黄绿色腺体，边缘有小乳突；花瓣通常大，红色、黄色或白色，顶端圆形；花丝无毛；花柱长超过雄蕊。浆果近球形，通常为淡黄褐色或淡黄绿色，有时白色，稀暗紫色。种子多数，钝角形，红色至乳白色，肉质的外种皮供食用。果石榴花期5～6月，榴花似火，果期9～10月。花石榴花期5～10月。

分布习性 原产巴尔干半岛至伊朗及其邻近地区，全世界的温带和热带都有种植。性喜光，有一定的耐寒能力；喜湿润肥沃的石灰质土壤。

繁殖栽培 常用扦插、分株、压条进行繁殖。春季选2年生枝条或夏季采用半木质化枝条扦插均可，插后15～20天生根。分株可在早春4月芽萌动时，挖取健壮根蘖苗分栽。压条在春、秋季均可进行，不必刻伤，芽萌动前用根部分蘖枝压入土中，经夏季生根后割离母株，秋季即可成苗。露地栽培应选择光照充足、排水良好的场所。生长过程中，每月施肥1次。需勤除根蘖苗和剪除死枝、病枝、密枝和徒长枝，以利通风透光。盆栽宜浅栽，需控制浇水，宜干不宜湿。生长期需摘心，控制营养生长，促进花芽形成。

秋季落叶后至翌年春季萌芽前均可栽植或换盆。地栽应选向阳、背风、略高的地方，土壤要疏松、肥沃、排水良好。光照不足时，会只长叶不开花，影响观赏效果。地栽石榴、盆栽石榴均应施足基肥，然后入冬前再施1次腐熟的有机肥，生长旺盛期每周施1次稀肥水。长期追施磷钾肥，保花保果。

园林用途 石榴叶翠绿，花大而鲜艳，故在公园和风景区以散植、片植、列植来美化环境。

栽培品种 白石榴 'Albescens'，花白色；重瓣白花石榴 'Multiplex Sweet'，花白色而重瓣；黄石榴 'Flavescens Sweet'，花黄色；玛瑙石榴 'Legrellei Vanhoutte'，花重瓣，有红色或黄白色条纹。这些栽培品种主要供观赏。

1	2
3	

1. 果实
2. 花
3. 美化庭园

酸 豆

Tamarindus indica

苏木科酸豆属

形态特征 常绿乔木，高10～15(～25)m；树皮暗灰色，不规则纵裂。小叶小，长圆形，先端圆钝或微凹，基部圆而偏斜，无毛。花黄色或杂以紫红色条纹，少数；总花梗和花梗被黄绿色短柔毛。荚果圆柱状长圆形，肿胀，棕褐色，直或弯拱，常不规则地缢缩；种子3～14颗，褐色，有光泽。花期5～8月；果期12月至翌年5月。

分布习性 原产于非洲；我国台湾，福建，广东，广西，云南南部、中部和北部也有分布。

繁殖栽培 播种育苗。采下成熟荚果，去其果肉取出种子，洗净后稍晒干，然后播种或贮藏。待翌年2～3月育苗。播种前用温水浸种1～2天，待种子膨胀后，条播或点播，播后5天左右开始发芽。幼苗出土后最初几天生长迅速，1个月后平均高可达15～20cm，在8～9月可移植。

园林用途 树姿高大，冠幅广展，主根深扎，是园林绿化的优良树种。

1	2
3	
4	

1. 果实
2. 枝叶
3. 冠大荫浓，是良好的绿化树种
4. 在林地散植

无花果

Ficus carica

桑科榕属

形态特征 落叶乔木，高3～10m，多分枝；树皮灰褐色，皮孔明显；小枝直立，粗壮。叶互生，厚纸质，广卵圆形，长宽近相等，通常3～5裂，小裂片卵形，边缘具不规则钝齿，表面粗糙，背面密生细小钟乳体及灰色短柔毛，基部浅心形。雌雄异株；雌花花被与雄花同，子房卵圆形。果单生叶腋，大而梨形，成熟时紫红色或黄色，卵形；瘦果透镜状。花果期5～7月。

分布习性 原产地中海沿岸及土耳其至阿富汗；我国现南北均有栽培，新疆南部尤多。

喜温暖湿润的海洋性气候，喜光、喜肥，不耐寒，不抗涝，但较耐干旱。耐瘠薄，土壤适应性很强，尤其是耐盐性强，但以肥沃的沙质壤土栽培最宜。

繁殖栽培 以扦插为主，也可播种或压条繁育。通常头年扦插，第二年就可挂果，6～7年达盛果期。苗木定植选择晴天，要选用1年生苗，用生根粉蘸根，按定好的点定植，先覆土，后提苗，使根系舒展，踩实后再覆土封垵，做渠灌水。间隔1天再灌水1次，干后松土、整平，覆盖地膜。在立秋后，最好把无花果所长出的幼果全部摘去。此时所结果实较难成熟，会消耗植株养分，对翌年生长造成影响。

园林用途 无花果叶片宽大，果实奇特，夏秋果实累累，是优良的庭院绿化和经济树种，具有抗多种有毒气体的特性，耐烟尘，少病虫害，可用于厂矿绿化及庭院。若植于园路旁、草坪、池畔及建筑物旁，可增添景色。

1	
2	3

1. 美化庭园
2. 植于池畔
3. 果实

五桠果

Dillenia indica

五桠果科五桠果属

形态特征 常绿乔木，高达30m。树皮红褐色，开裂成大块状薄片剥落；嫩枝被褐色柔毛，老枝无毛，有明显的叶痕。单叶互生，有窄翅；叶片革质，长圆形或倒卵状长圆形，先端短尖，基部宽楔形，边缘有锯齿。花单生于枝顶叶腋内；花梗粗壮；花瓣白色，倒卵形。果球形，不开裂；宿存萼片肥厚。种子扁，边缘有毛。花期4～5月。

分布习性 分布于云南省南部。也见于印度、斯里兰卡、中南半岛、马来西亚及印度尼西亚等地。喜生山谷溪旁水湿地带；喜高温、湿润、阳光充足的环境，生长适温18～30℃。对土壤要求不严。

繁殖栽培 主要采用播种繁殖。果实成熟时，采收并取出种子，浸于热水中1小时，随后点播或条播于沙质壤土中，经30～40天能发芽，留床1～2年后移植。盆栽播种时，在苗床留栽1年后即可移植。移栽后3～4年能开花。高空压条繁殖一般在生长旺盛的5～6月进行。压条后2～3个月能生根，第2年春天时，从母株上将其分离即可直接种植。

园林用途 树姿优美，叶色青绿，树冠开展如盖，分枝低，下垂至近地面，具有极高的观赏价值。可作热带、亚热带地区的庭园观赏树种、行道树或果树；同时，由于其叶形优美，叶脉清晰，盆栽观叶也极为适宜。

同属植物 小花五桠果 *Dillenia pentagyna*，花序生于无叶老枝上，花及果实直径小于2cm，侧脉最多达80对。

大花五桠果 *Dillenia turbinata*，叶倒卵形，老叶背面被褐毛，侧脉15～25对，花数朵排成总状花序，花及果实直径4～5cm。

<table>
<tr><td colspan="2">1</td></tr>
<tr><td>2</td><td>3</td></tr>
<tr><td colspan="2">4</td></tr>
</table>

1. 在园林中的景观
2. 果实
3. 叶
4. 大花五桠果在湿地中丛植

星苹果

Chrysophyllum cainito

山榄科金叶树属

形态特征 常绿乔木，高达20m；小枝圆柱形。叶散生，坚纸质，长圆形、卵形至倒卵形，先端钝或渐尖，有时微缺，基部阔楔形。花数朵簇生叶腋。果倒卵状球形，种子4～8枚，倒卵形，种皮坚纸质，紫黑色。花期8月，果期10月。

分布习性 原产加勒比海地区；我国广东、海南、台湾、福建和云南西双版纳有少量栽培。性喜温暖的气候。

繁殖栽培 可用种子和高空压条两种方法，高空压条选用当年生充分木质化枝条，在雨季进行，生根后经假植成活即可定植。

园林用途 具有伞形树冠和正背面不同颜色的叶片，树形美观，适于作庭园观赏树或遮阴树。在古巴、牙买加、斯里兰卡、美国夏威夷和佛罗里达等地常作观赏树木。

1
2
3

1. 花枝
2. 在林地中散植
3. 叶片

杨　梅

Myrica rubra

杨梅科杨梅属

形态特征　常绿乔木，高可达15m以上，胸径达60cm；树皮灰色，老时纵向浅裂；树冠圆球形。小枝及芽无毛。叶革质，长椭圆状或楔状披针形，顶端渐尖或急尖，边缘中部以上具稀疏的锐锯齿，中部以下常为全缘，基部楔形。花雌雄异株。雄花序单独或数条丛生于叶腋，圆柱状，花药椭圆形，暗红色，无毛。雌花序常单生于叶腋，较雄花序短而细瘦。核果球状，外表面具乳头状凸起；外果皮肉质，多汁液及树脂，味酸甜，成熟时深红色或紫红色；核常为阔椭圆形或圆卵形，略成压扁状，内果皮极硬，木质。4月开花，6～7月果实成熟。

分布习性　分布于我国江苏、浙江、台湾、福建、江西、湖南、贵州、四川、云南、广西和广东。日本、朝鲜和菲律宾也有分布。生长在海拔125～1500m的山坡或山谷林中，喜酸性土壤；喜温暖湿润多云雾气候，不耐强光，不耐寒。

繁殖栽培　以种子、分株、嫁接繁殖。种子繁殖通常选成熟果实，剥去果肉，阴干，用湿沙层积贮藏法。春播，出苗后至第2年可作实生苗用；分株繁殖是挖取老株蔸部2年生的分蘖栽种；嫁接繁殖则选2年生的实生苗作砧木，清明前后皮接或切接，再培育2年移栽，适当栽种少量雄株，以供授粉用。

园林用途　杨梅是一种优良的园林树种，适合植于庭院、社区、公园及风景区绿地，效果较好。

同属植物　毛杨梅 *Myrica esculenta*，乔木或小乔木，高4～10m；花序分枝，即由许多穗状花序复合成圆锥状花序（尤其以雄花序为甚），果序常有数个果实；叶较大；小枝及叶柄被毡毛；核果椭圆状；当年9～11月开花，次年2～5月果成熟。

1	2
3	
4	

1. 美化庭园
2. 果实
3. 丛植于草地
4. 杨梅园

阳　桃

Averrhoa carambola

酢浆草科阳桃属

形态特征　常绿小乔木，高可达12m，分枝甚多；树皮暗灰色。奇数羽状复叶，互生，全缘，卵形或椭圆形，顶端渐尖。花小，微香，数朵至多朵组成聚伞花序或圆锥花序，自叶腋出或着生于枝干上，花枝和花蕾深红色；花瓣略向背面弯卷，背面淡紫红色，边缘色较淡，有时为粉红色或白色。浆果肉质，下垂，有5棱，很少6或3棱，横切面呈星芒状淡绿色或蜡黄色，有时带暗红色。种子黑褐色。花期4～12月，果期7～12月。

分布习性　原产马来西亚、印度尼西亚；我国广东、海南、广西、福建、台湾、云南也有栽培。现广植于热带各地。性喜光，忌烈日；喜多湿，忌积水；适沙质土，不耐贫瘠。

繁殖栽培　多采用嫁接育苗，而以切接法和补片芽接法，简单易行，成活率也高。嫁接先要培育砧木，可于9～10月间，选取果大、果形完整并充分成熟的果实，剖取饱满、形止的种子作种。剖取的种子经洗去外层胶质，稍为阴干后即可播种。也可保藏种子到次年立春后播种。秋播新鲜种子发芽率高，出苗整齐，可提前1年嫁接，但冬季要遮盖防寒。苗床以疏松、肥沃的沙质壤土为好。播种用稻草遮盖，注意浇水，保持土壤湿润。半个月左右可出苗，苗高10cm左右可分床假植。苗高0.85～1m时，即可嫁接，时间以3～4月为适宜。

园林用途　树姿优美，枝叶翠绿，果实奇特，适合散植、片植于路旁、疏林或庭园中。

1
2
3

1. 果实
2. 片植于庭园中
3. 孤植于草地上

樱　桃

Prunus pseudocerasus

蔷薇科李属

形态特征　落叶乔木，高2～6m，树皮灰白色。小枝灰褐色，嫩枝绿色，无毛或被疏柔毛。冬芽卵形。叶片卵形或长圆状卵形，先端渐尖或尾状渐尖，基部圆形，边有尖锐重锯齿，齿端有小腺体。花序伞房状或近伞形，有花3～6朵，先叶开放；总苞倒卵状椭圆形，褐色，长约5mm，宽约3mm，边有腺齿；花瓣白色，卵圆形。核果近球形，红色。花期3～4月，果期5～6月。

分布习性　产于辽宁、河北、陕西、甘肃、山东、河南、江苏、浙江、江西、四川。性喜温喜光，生于山坡阳处或沟边，适宜海拔300～600m；怕涝怕旱。

繁殖栽培　一般以播种、扦插、高空压条及嫁接进行繁殖。采收后，将果皮果肉划破取出果核，并以清水洗除果核外的果肉，放在阴凉处晾干1～2日即可播种。扦插于春夏生长期间，选取半成熟的健壮枝条，直径0.7～1.2cm，每段长15～20cm，带4～6片叶，插于河沙、蛭石或泥炭土或数种混合物介质中，插条尤需保持湿润并遮阴。扦插后1.5～2个月发根，待根群生长旺盛后再移植。扦插法若管理得当，成活率60%～90%。高空压条是选2年生以上的枝条进行。嫁接在春天播种毛樱桃（野樱桃）种子，当年8至9月份时，以毛樱桃为基砧，将与基砧粗度相当的当年生樱桃接穗嫁接在基砧离地面2～4cm处，以用丁字型芽接方式效果最好。

园林用途　其枝叶茂盛，树形优美，适合散植、丛植于宅院、公园、风景区绿地；也可建樱桃园，让消费者在园中直接采摘水果，在品尝美味的同时享受自己动手的乐趣。

1
2
3

1. 樱桃林
2. 果实
3. 在园林绿地中

柚

Citrus maxima

芸香科柑橘属

形态特征 常绿乔木。嫩枝扁且有棱。嫩叶通常暗紫红色，叶质颇厚，色浓绿，阔卵形或椭圆形。总状花序，有时兼有腋生单花；花蕾淡紫红色，稀乳白色；果圆球形、扁圆形、梨形或阔圆锥状，果皮甚厚或薄，海绵质，油胞大。花期4～5月，果期9～12月。

分布习性 原产于我国长江以南各地，最北限见于河南省信阳及南阳一带，全为栽培；东南亚各国有栽种。

繁殖栽培 用嫁接、压条等繁殖育苗。砧木以本砧为好，其嫁接后生长快，早果，丰产，且果实品质优良。播种一般在秋季现采现播为宜，要搭建塑料小拱棚保温，当年出苗，翌年秋可以芽接，可提前1年。嫁接一般在3月上旬至4月上旬进行枝接，接穗用长约15～25cm的秋梢或春梢；芽接则在8～10月份进行，多用“T”字形嵌芽接。芽接成活后翌年3月上中旬，在离芽上3～5cm处剪断，待春梢生长停止时将接口砧桩全部剪去。

园林用途 枝叶碧绿，冠幅广展，可丛植、散植于社区庭院、公园、风景区绿地，景观效果较好。

1. 柚园
2. 美化庭园
3. 果实

第八章 绿荫类乔木

桉　树

Eucalyptus robusta

桃金娘科桉属

形态特征　常绿大乔木，高20m；树皮宿存，深褐色，稍软松，有不规则斜裂沟；嫩枝有棱。幼态叶对生，叶片厚革质，卵形，有柄；成熟叶卵状披针形，厚革质，不等侧，侧脉多而明显，两面均有腺点。伞形花序粗大，有花4～8朵，总梗压扁；花梗短，有时较长，粗而扁平；花药椭圆形，纵裂。蒴果卵状壶形，上半部略收缩，蒴口稍扩大，果瓣3～4，深藏于萼管内。花期4～9月。

分布习性　分布于澳大利亚及新几内亚岛、印度尼西亚、菲律宾群岛；我国福建、云南有少量的分布。现华南、西南地区均有栽种。生于酸性的红壤、黄壤和土层深厚的冲积土，但在土层深厚、疏松、排水好的地方生长良好。

繁殖栽培　用播种、嫁接、扦插和茎尖组织培养等方法繁殖。整地并施基肥后，选择合适的种植时间，春季温度适宜，雨水充沛，树苗成活率较高，是较为理想的造林时间。

园林用途　其树姿优美，四季常青，生长异常迅速，抗旱能力强，宜作行道树、高速公路的防风固沙林树种。因树叶含芳香油，有杀菌驱蚊作用，可种植于疗养区、住宅区、医院和公共绿地，园林景观效果好。

同属植物　尾叶桉 *Eucalyptus urophylla*，常绿乔木。树皮红棕色，上部剥落，基部宿存。幼态叶披针形，对生；成熟叶披针形或卵形。伞状花序顶生，帽状花等腰圆锥形，顶端突兀。蒴果近球形，果瓣内陷。花期12月至次年5月。

<table>
<tr><td>1</td><td rowspan="2">4</td><td rowspan="2">5</td></tr>
<tr><td>2</td></tr>
<tr><td>3</td><td colspan="2">6</td></tr>
</table>

1. 与园林建筑配置形成如画美景
2. 枝叶
3. 列植园路旁
4. 作行道树
5. 散植于林地
6. 作景观的背景树

八宝树

Duabanga grandiflora

海桑科八宝树属

形态特征　常绿乔木；树皮褐灰色，有皱褶裂纹；枝下垂，螺旋状或轮生于树干上，幼时具4棱。叶阔椭圆形、矩圆形或卵状矩圆形，顶端短渐尖，基部深裂成心形，裂片圆形。花5～6基数；花瓣近卵形，雄蕊极多数。蒴果，成熟时从顶端向下开裂成6～9枚果片。花期春季。

分布习性　原产于我国云南南部。印度、缅甸、泰国、老挝、柬埔寨、越南、马来西亚、印度尼西亚均有分布。性喜温暖、湿润和半阴环境。

繁殖栽培　常用扦插和播种繁殖。扦插在4～9月进行。剪取1年生枝顶端枝条插于沙床，保持湿润，插后30～40天可生根。播种在4～5月室内盆播，发芽适温20～25℃，保持盆土湿润，播后15～20天发芽。苗高5～8cm时即可移栽。

园林用途　树形洒脱，丰满大方，四季常青，适应性强，适合于阳台、会议室、客厅、书房和卧室绿化摆放，呈现自然和谐的绿色环境。

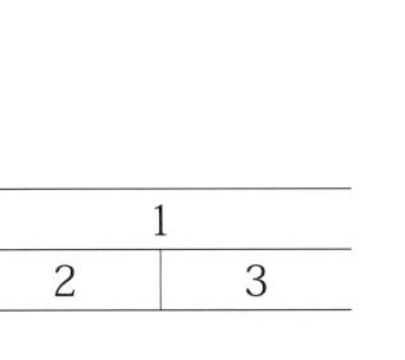

1. 枝叶
2. 挺拔的树姿
3. 点缀于建筑旁

笔管榕

Ficus superba var. *japonica*

桑科榕属

形态特征 落叶乔木，有时有气根；树皮黑褐色，小枝淡红色，无毛。叶互生或簇生，近纸质，无毛，椭圆形至长圆形，先端短渐尖，基部圆形，边缘全缘或微波状。榕果单生或成对或簇生于叶腋或生无叶枝上，扁球形。花期4～6月。

分布习性 原产于我国台湾、福建、浙江、海南、云南等地。缅甸、泰国、中南半岛诸国、马来西亚（西海岸）至日本也有分布。性喜温暖湿润气候，喜阳也能耐阴，不耐寒，喜湿，耐干旱，适应性强。

繁殖栽培 采用扦插繁殖育苗，以当年生半木质化嫩枝作插穗为宜。

园林用途 姿形美观，新叶亮丽，树荫浓密，为城市街道良好的蔽荫树。

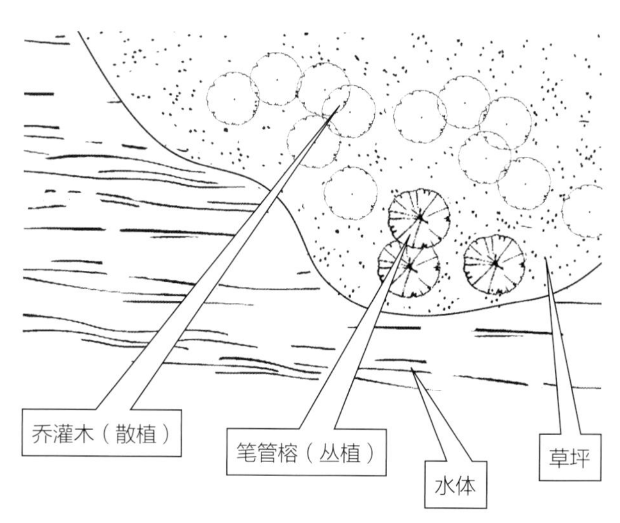

1. 点缀于桥头
2. 果实累累
3. 树荫浓密，为城市街道良好的蔽荫树

菜豆树

Radermachera sinica

紫葳科菜豆树属

形态特征 落叶小乔木，高达10m。树皮黑色，枝叶聚生于干顶。叶对生；二至三回羽状复叶；小叶卵形至卵状披针形，先端尾状渐尖，基部阔楔形，全缘。顶生圆锥花序，直立，苞片线状披针形，早落。蒴果细长；种子椭圆形。花期5～9月，果期10～12月。

分布习性 原产于我国台湾、广东、海南、广西、贵州、云南等地。印度、菲律宾、不丹等国也有分布。性喜高温多湿、阳光充足的环境。耐高温，畏寒冷，宜湿润，忌干燥。

繁殖栽培 以播种、扦插、压条繁殖育苗。采收待开裂且种子成熟的蒴果，将其干藏至翌年春天播种；扦插在3～4月间进行；也可于3～4月间进行压条繁殖。

园林用途 树形优美，枝叶茂盛，适合植于园林公共绿地，或林荫树。

1
2

1. 列植美化建筑
2. 树形优美，枝叶洒脱

叉叶木

Crescentia alata

紫葳科葫芦树属

形态特征 常绿小乔木，株高3～6m。树形不整齐，但能修枝整形。其主枝开阔伸展，叶簇生于小枝上。小叶3枚，三叉状，长披针形至倒匙形，近无柄。花1～2朵直接生于主枝或老枝上。夏季开花繁多，淡紫色。花冠钟状，具有紫褐色斑纹。果着生茎干上，近球形，淡绿色，向阳面常为紫红色。花期10～12月，观果期可长达数月。

分布习性 原产南美热带地区，我国广东、云南等地有栽培。喜温暖、湿润的环境，生长适温20～30℃。对土壤的要求不严。

繁殖栽培 可采用播种、扦插和压条等方法进行繁殖。采用播种方法繁殖时，一般10～12月将采下的成熟果实敲开，取出种子晾干，翌年3～4月播种，实生苗需4～5年才能开花。扦插繁殖成活率较低，宜在4～5月生长旺季进行，采用1年生嫩枝扦插有利于提高成活率。压条繁殖可采用堆土压条和高空两种方式。

园林用途 可布置于公园、庭院、风景区和高级别墅区等，也可单植、列植或片植。

同属植物 葫芦树 *Crescentia cujete*，常绿乔木，高5～18m，主干通直；枝条开展，分枝少。叶丛生，2～5枚，大小不等，阔倒披针形，顶端微尖，基部狭楔形。花单生于小枝上，下垂。花冠钟状，微弯，淡绿黄色，花冠夜间开放，发出一种恶臭气味。果卵圆球形，浆果，果壳坚硬，可作盛水的葫芦瓢。原产于热带美洲；我国广东、福建、台湾等地有栽培。性喜光，对土壤要求不严，以排水良好的沙质壤土为佳。

1	
2	3
4	5
6	7

1. 叉叶木孤植于草地，景色优美
2. 叉叶木叶
3. 葫芦树孤植路边
4. 花
5. 果实
6. 葫芦树枝叶
7. 葫芦树果实

垂叶榕

Ficus benjamina

桑科榕属

形态特征 常绿大乔木，高达20m，树冠广阔；树皮灰色，平滑；小枝下垂。叶薄革质，卵形至卵状椭圆形，先端短渐尖，基部圆形或楔形，全缘光滑无毛。榕果成对或单生叶腋，基部缢缩成柄，球形或扁球形，光滑，成熟时红色至黄色。花期8～11月。

分布习性 原产于我国广东、海南、广西、云南、贵州。尼泊尔、不丹、印度、缅甸、泰国、越南、马来西亚、菲律宾、巴布亚新几内亚、所罗门群岛、澳大利亚北部也有分布。

繁殖栽培 采用扦插或高压繁殖。扦插容易生根，可在4～6月进行，选取生长粗壮的成熟枝条，取嫩枝顶端，长约10cm，除去下部叶片，上部留2～3片叶，剪口有乳汁溢出，可用温水洗去或以火烤之，使其凝结，再插于沙床中，保持温度24～26℃，并需要较高的空气湿度，1个月左右即可生根。生根后上盆，置于阴凉处，待其生长到20～30cm时，再移至光线充足处或室外培育。高压法可在4～8月进行，选择母株上半木质化的顶枝，在上部留3～4片叶，在其下方行环状剥皮或舌状切割，然后用苔藓等包裹，以塑料膜捆扎，40天左右便可生根，待其长至30cm左右，便可取下定植或上盆。

园林用途 姿形优美，冠幅茂盛；小枝微垂，绿叶青翠；气根如丝，状似垂帘。可孤植或散植于公园、风景区、社区庭园，园林景观极佳。也可摆设于宾馆酒店大堂，是美化室内的佼佼者。

1	3	4
2	5	

1. 在公园绿地中的景观
2. 列植路旁
3. 列植成树墙
4. 小枝微垂
5. 修剪成绿篱

长柄竹叶榕

Ficus stenophylla var. *macropodocarpa*

桑科榕属

形态特征　常绿小乔木，株高3m。叶披针形或倒披针形，干后黄绿色。榕果具长总梗，雄花及雌花均具柄。花期5～6月，果期6～7月。

分布习性　原产于我国福建、台湾、浙江、湖南、湖北、广东、海南、广西、贵州、云南。越南北部和泰国北部也有分布。性喜半阴、温暖而湿润的气候。较耐寒。

繁殖栽培　多用扦插法繁殖，亦可用种子育苗。扦插于春季气温回升后进行，较易成活，老枝或嫩枝均可作插穗，可截成20cm左右长一段，也可截成1m左右长一段，直接插入圃地。保持湿润，约1个月可发根，留圃培育2～4年，即可出圃供露地栽植。也可用长2m左右、径6cm左右的粗干，剪去枝叶，顶端裹泥，不经育苗，直接插干栽植。

园林用途　具有清洁空气、绿荫、风景等方面的作用；宜作行道树、工矿区绿化，广场、森林公园等处种植。幼树可盘茎、提根靠接，作多种造形，制成艺术盆景。老蔸可修整成古老苍劲的桩景，是园艺造景中用途最多的树种之一。

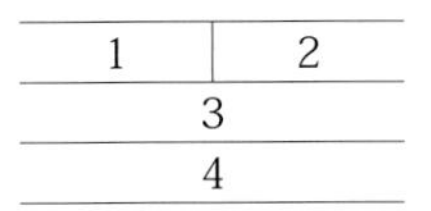
1	2
3	
4	

1. 盆栽点缀
2. 枝叶
3. 列植墙旁
4. 在园路旁丛植

潺槁木姜子

Litsea glutinosa

樟科木姜子属

形态特征　常绿乔木，高3～15m；树皮灰色或灰褐色，内皮有黏质。小枝灰褐色，幼时有灰黄色茸毛。顶芽卵圆形，鳞片外面被灰黄色茸毛。叶互生，倒卵形、倒卵状长圆形或椭圆状披针形。伞形花序生于小枝上部叶腋，单生或几个生于短枝上；每一花序有花数朵；花梗被灰黄色茸毛。果球形。花期5～6月，果期9～10月。

分布习性　原产于我国广东、广西、福建及云南南部。越南、菲律宾、印度也有分布。生于山地林缘、溪旁、疏林或灌丛中，海拔500～1900m。属弱阳性树种，且喜暖热湿润的气候条件，不耐严寒。喜湿润肥沃、土层深厚、酸性至中性的沙壤土或壤土。

繁殖栽培　主要以扦插和压条繁殖。春末秋初用当年生的枝条进行嫩枝扦插，或于早春用往年生的枝条进行老枝扦插。压条可选取健壮的枝条，生根后，把枝条连根系一起剪下，就成了一棵新的植株。

园林用途　树冠圆整，姿形优美，可植于公园、风景区绿地作园林景观树，具有良好的观赏效果。

1	3
2	4
5	

1. 花枝
2. 植于悬崖旁
3. 果枝
4. 配植于水边
5. 树冠圆整，姿形优美

大叶相思

Acacia auriculiformis

含羞草科金合欢属

形态特征　常绿乔木，枝条下垂，树皮平滑，灰白色；小枝无毛，皮孔显著。叶状柄镰状长圆形，两端渐狭，比较显著的主脉有3～7条。穗状花序，1至数枝簇生于叶腋或枝顶；花橙黄色；花瓣长圆形。荚果成熟时旋卷，果瓣木质，每一果内有种子约12颗；种子黑色，围以折叠的珠柄。

分布习性　原产澳大利亚北部及新西兰；我国广东、广西、福建有引种。喜温暖，适应性广，对立地条件要求不苛，耐旱瘠，在酸性沙土和砖红壤上生长良好，也适于透水性强、含盐量高的滨海沙滩。

繁殖栽培　通常用种子繁殖。播种前用60～70℃热水浸种5～10分钟，常采用尼龙袋育苗，苗高20～25cm时定植，也可将种子播于苗床，待苗高1m以上，地径1cm左右时，截顶定植。种植规格视立地环境及种植目的而定，以阴雨天定植为宜。

园林用途　姿形美观，树冠浓郁，生长迅速，萌生力强；列植、丛植、散植于公园、风景区绿地，均具有良好的园林景观。

1	2
3	
4	

1. 丛植于公园草地
2. 枝叶
3. 姿形美观，树冠浓郁
4. 配置于古亭旁

滇润楠

Machilus yunnanensis

樟科润楠属

形态特征 常绿乔木，高达30m，胸径达80cm。枝条圆柱形，具纵向条纹，幼时绿色，老时褐色，无毛。叶互生，疏离，倒卵形或倒卵状椭圆形，间或椭圆形，革质，上面绿色或黄绿色，光亮，下面淡绿色或粉绿色，两面均无毛。花序由1～3花的聚伞花序组成，有时圆锥花序上部或全部的聚伞花序仅具1花。花淡绿色、黄绿色或黄玉白色。果椭圆形，熟时黑蓝色。花期4～5月，果期6～10月。

分布习性 分布于我国云南中部、西部至西北部和四川西部。生于1500～2000m的山地常绿阔叶林中。喜湿润和土壤肥沃的山坡。为深根性树种，生长良好。

繁殖栽培 以种子繁殖，一般采集15年以上大母树的种子（果实），用苗床育苗，随采随播，20天可以发芽。出苗后注意除草、干旱时及时浇水，或施稀薄的农家水肥。2年生苗木可出圃移植，生长速度中等，一般定植后10～15年成20m以上大树。

园林用途 树姿优美，冠幅广展，适合散植、列植于公园、风景区绿地及街道行道树，其景观效果较好。

1	
2	3

1. 列植于园路一侧
2. 孤植于草地
3. 枝叶

杜　英

Elaeocarpus decipiens

杜英科杜英属

形态特征　常绿乔木，高5～15m；嫩枝及顶芽初时被微毛，不久变秃净，干后黑褐色。叶革质，披针形或倒披针形，上面深绿色，干后发亮，下面秃净无毛，先端渐尖，尖头钝，基部楔形。总状花序多生于叶腋及无叶的去年生枝条上，花序轴纤细，有微毛，花白色，萼片披针形；花瓣倒卵形，与萼片等长。核果椭圆形。花期6～7月。

分布习性　分布于广东、广西、福建、台湾、浙江、江西、湖南、贵州和云南。日本有分布。生长于海拔400～700m，在云南上升到海拔2000m的林中。

繁殖栽培　种子、扦插繁殖育苗。播种方法是撒播种子，以种子不重叠为宜。也可条播。播后覆土，盖到不见种子为度，不要太厚。小苗出土后，要注意防治猝倒病。扦插育苗在春、秋季及梅雨季节均可；剪取侧枝（带顶芽）长度为15～20cm，保留二叶一心，其余叶片剪掉，扦插深度为5～7cm，密度可视情况而定。

园林用途　树干通直、树冠呈伞形，且浓绿的树冠上镶着点点红叶，列植、散植于园林绿地，均具良好的景观效果。

同属植物　大叶杜英 *Elaeocarpus balansae*，常绿乔木，高15m；嫩枝粗大，被锈褐色茸毛。叶革质或纸质，椭圆形；托叶叶状，无柄，被褐色毛，卵形或圆形。总状花序生于当年枝的叶腋内。核果纺锤形，两端尖。花期4月。

尖叶杜英 *Elaeocarpus apiculatus*，常绿乔木，小枝粗大，有灰褐色茸毛。叶革质，倒卵状披针形；花瓣白色，倒披针形，先端7～8裂。核果近圆球形。花期4～5月。

1	3	4
2	5	6

1. 大叶杜英枝叶
2. 大叶杜英列植路旁
3. 尖叶杜英散植于草地
4. 大叶杜英丛植于草地
5. 大叶杜英作行道树
6. 大叶杜英配植于古亭旁

杜　仲

Eucommia ulmoides

杜仲科杜仲属

形态特征　落叶乔木，高达20m；树皮灰褐色，粗糙，内含胶液，折断拉开有多数细丝。嫩枝有黄褐色毛，不久变秃净，老枝有明显的皮孔。芽体卵圆形，外面发亮，红褐色。叶椭圆形、卵形或矩圆形，薄革质。花生于当年枝基部。翅果扁平，长椭圆形。早春开花，秋后果实成熟。

分布习性　分布于我国陕西、甘肃、河南、湖北、四川、云南、贵州、湖南及浙江等地，现各地广泛栽种。

繁殖栽培　采用播种、扦插、压条及嫁接繁殖育苗。生产上以种子繁殖为主，宜选新鲜、饱满、黄褐色有光泽的种子，于冬季11～12月或春季2～3月月均温达10℃以上时播种，一般暖地宜冬播，寒地可秋播或春播。嫩枝扦插繁殖在春夏之交，剪取1年生嫩枝，插入苗床，其成活率可达80%以上。在苗木出圃时，可修剪苗根，取径粗1～2cm的根进行扦插，成苗率可达95%以上。压条在春季选强壮枝条压入土中，培土压实。经15～30天，萌蘖基部可发生新根。深秋或翌春挖起，即可定植。嫁接时用2年生苗作砧木，选优良母本树上1年生枝作接穗，于早春切接于砧木上，成活率可达90%以上。

园林用途　适合种植于公园、风景区等园林公共绿地。

1. 杜仲丰满的树冠
2. 在林地中丛植

椴树

Tilia tuan

椴树科椴树属

形态特征 落叶乔木，高20m，树皮灰色，直裂；小枝近秃净，顶芽无毛或有微毛。叶卵圆形，先端短尖或渐尖，基部单侧心形或斜截形，上面无毛，下面初时有星状茸毛，以后变秃净。聚伞花序。果实球形。花期7月。

分布习性 原产于我国湖北、四川、云南、贵州、广西、湖南、江西等地。性耐寒、耐阴；喜生长在深厚、肥沃、湿润、排水良好的壤土或沙土上，适生于山谷、山坡。

繁殖栽培 主要有播种和扦插两种。扦插以3～5龄母树当年生半木质化枝条为宜，其生根率高。

园林用途 树冠圆整，郁闭度好，散植或丛植园林公共绿地，具良好的景观效果。

1
2
3

1. 枝叶
2. 果序
3. 丛植于草地

对叶榕
Ficus hispida
桑科榕属

形态特征 常绿小乔木，被糙毛。叶通常对生，厚纸质，卵状长椭圆形或倒卵状矩圆形，全缘或有钝齿，顶端急尖或短尖，基部圆形或近楔形，表面粗糙，被短粗毛，背面被灰色粗糙毛。榕果腋生或生于落叶枝上，或老茎发出的下垂枝上，陀螺形，成熟黄色。花果期6～7月。

分布习性 原产于我国广东、海南、广西、云南、贵州等地；尼泊尔、不丹、印度、泰国、越南、马来西亚至澳大利亚也有分布。喜生于沟谷潮湿地带。

繁殖栽培 主要有播种、扦插和压条。播种在夏季选成熟落下的种子，经水中搓洗，去掉果皮，晾干后播种。扦插在春季或梅雨季进行。春插在4～5月时剪取粗约 1cm的健壮枝条作插穗。插后保持较高的空气相对湿度并进行遮阴；20～25天可生根成活。压条在植株生长时进行，上部的枝条可用高空压条法，下部的枝条则宜用堆土压条法。压条后2～3个月可生根，待根系多时即可剪离母株，分别栽植。

园林用途 树形优美，冠幅浓郁，是良好的庭院绿化树种。

同属植物 钝叶榕 *Ficus curtipes*，常绿乔木，茎下部多分枝，高5～15m，树皮浅灰色，平滑。叶厚革质，长椭圆形或倒卵状椭圆形，表面深绿色，背面浅绿色，先端钝圆，基部楔形，全缘。榕果成对腋生，球形至扁球形。花果期9～11月。秋末冬初榕果成熟，极为美丽，是庭园优良的观赏树。

高山榕 *Ficus altissima*，常绿大乔木，高25～30m；树皮灰色，平滑；幼枝绿色。叶厚革质，广卵形至广卵状椭圆形，先端钝，急尖，基部宽楔形，全缘，两面光滑，无毛。榕果成对腋生，椭圆状卵圆形。花期3～4月，果期5～7月。

1	3	4
	5	6
2	7	8

1. 对叶榕果序
2. 对叶榕丛植于林地
3. 对叶榕枝叶
4. 高山榕在绿地中的景观
5. 钝叶榕枝叶
6. 钝叶榕丛植草地
7. 高山榕果枝
8. 高山榕冠大荫浓，树姿优美

非洲盾柱木

Peltophorum africanum

苏木科盾柱木属

形态特征 落叶乔木，无刺。叶为大型二回偶数羽状复叶；羽片对生；小叶多数，对生，无柄。圆锥花序腋生；花两性，黄色，美丽，具花盘。荚果披针状长圆形，扁平。

分布习性 原产于非洲；我国云南、广东等地有引种栽培。

繁殖栽培 采用播种繁殖育苗。

园林用途 树形洒脱，冠幅浓郁，是良好的庭院绿化树种。

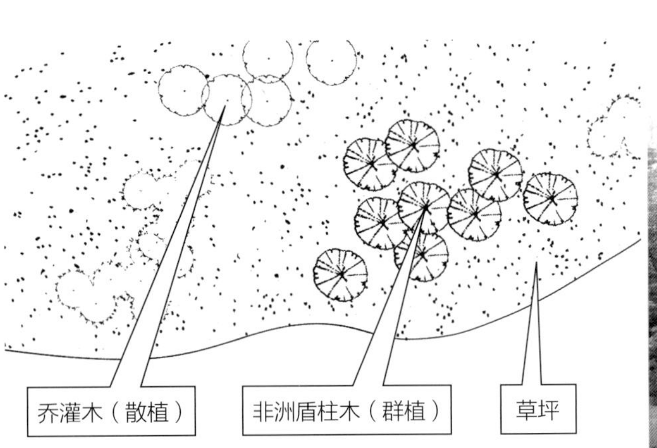

1
2
3

1. 叶片

2、3. 群植草地上

构　树

Broussonetia papyrifera

桑科构属

形态特征　落叶乔木，高10～20m；树皮暗灰色；小枝密生柔毛。叶螺旋状排列，广卵形至长椭圆状卵形，先端渐尖，基部心形，两侧常不相等，边缘具粗锯齿，不分裂或3～5裂，小树之叶常有明显分裂，表面粗糙，疏生糙毛，背面密被茸毛。花雌雄异株；雄花序为柔荑花序。聚花果成熟时橙红色，肉质。花期4～5月，果期6～7月。

分布习性　分布于我国南北各地。缅甸、泰国、越南、马来西亚、日本、朝鲜也有分布。性喜光，耐寒耐旱，较耐水湿，喜酸性土壤。

繁殖栽培　可采用播种、扦插、分蘖和压条繁殖育苗。通常于10月中下旬选取长势健壮、树干通直的植株作采种母株，采集成熟果实，装在桶内捣烂，用清水进行漂洗，除去渣液后便获得纯净种子，阴干后置于干净布袋中储藏备用。播种时用种子与细沙按1:1的比例混匀后撒播，然后覆土。秋季当年苗高可达60cm。翌春可进行移栽。

园林用途　枝叶繁茂，根系发达，耐伐速生，是良好的城镇绿化树种。

1	
2	3
4	

1. 配置湖边
2. 聚花果
3. 叶片
4. 枝叶繁茂，冠大荫浓

旱　柳

Salix matsudana

杨柳科柳属

形态特征　落叶乔木，高达18m。大枝斜上，树冠广圆形；枝细长，直立或斜展，浅褐黄色或褐色。芽微有短柔毛。叶披针形，先端长渐尖，基部窄圆形或楔形，上面绿色，无毛，有光泽，下面苍白色或带白色，缘有细腺锯齿，幼叶有丝状柔毛；叶柄短；托叶披针形或缺，边缘有细腺锯齿。花序与叶同时开放。花期4月，果期4～5月。

分布习性　原产于我国东北、华北平原、西北黄土高原，西至甘肃、青海，南至淮河流域及浙江、江苏等地。朝鲜、日本、俄罗斯远东地区也有分布。性耐干旱、水湿、寒冷。

繁殖栽培　用播种、扦插和埋条等方法繁殖。

园林用途　我国各地多栽于庭院做绿化树种；曲枝垂柳枝条是良好的插花材料。

	2
1	3

1. 枝叶
2. 植于湖堤旁
3. 旱柳植于庭园

猴面包树

Adansonia digitata

木棉科猴面包树属

形态特征 落叶乔木，主干短，分枝多。叶集生于枝顶，小叶通常5，长圆状倒卵形，急尖，上面暗绿色发亮，无毛或背面被稀疏的星状柔毛。花生近枝顶叶腋；花瓣外翻，宽倒卵形，白色。果长椭圆形，下垂。

分布习性 原产非洲热带；我国福建、广东、海南、云南的热带地区均有栽培。性喜高温高湿。

繁殖栽培 常用播种繁殖，春至夏季为适期。

园林用途 树冠雄壮，枝叶苍郁，夏至秋季开花，花姿奇特，适作独赏树。

1. 叶片
2. 在草地上的雄壮景观

槐 树

Sophora japonica

蝶形花科槐属

形态特征 落叶乔木，高达25m；树皮灰褐色，具纵裂纹。当年生枝绿色，无毛。羽状复叶长达25cm；叶轴初被疏柔毛，旋即脱净；叶柄基部膨大，包裹着芽；小叶对生或近互生，纸质，卵状披针形或卵状长圆形。圆锥花序顶生，常呈金字塔形，花梗比花萼短。荚果串珠状，具肉质果皮，成熟后不开裂。花期7～8月，果期8～10月。

分布习性 原产中国，现南北各地广泛栽培，华北和黄土高原地区尤为多见。日本、越南也有分布，欧洲、美洲各国均有引种。性喜光而稍耐阴。能适应较冷气候。根深而发达。对土壤要求不严，在酸性至石灰性及轻度盐碱土，甚至含盐量在0.15%左右的条件下都能正常生长。抗风，也耐干旱、瘠薄，尤其能适应城市土壤板结等不良环境条件。但在低洼积水处生长不良。

繁殖栽培 主要以播种繁殖，也可扦插。春播，播种前，用始温85～90℃的水浸种24小时，余硬粒再处理1～2次。种子吸水膨胀可播种。扦插繁殖于10月份落叶后，剪取生长壮实的新枝条，截成15cm左右的小段，放入水中浸泡30小时，让其吸足水分。然后把强力生根剂用水以百倍浓度比稀释，再把黏土打成糊状，涂蘸插条根部，马上扦插到温室育苗沙床上，温度保持在30℃左右，湿度保持80%左右。等根部出现嫩根时，及时移栽到温室地上。

园林用途 树冠优美，花亦芳香，可列植、散植、孤植于公园、风景区绿地，是良好的林荫树种。

同属及同科植物 龙爪槐 *Sophora japonica* var. *pendula*，主枝健壮，向水平方向伸展，小枝细长，下垂。

刺槐 *Robinia pseudoacacia*，刺槐属，落叶乔木，高10～25m；树皮灰褐色至黑褐色，浅裂至深纵裂。羽状复叶常对生，椭圆形、长椭圆形或卵形；花冠白色，各瓣均具瓣柄，旗瓣近圆形，荚果褐色，或具红褐色斑纹，线状长圆形。花期4～6月，果期8～9月。

<table>
<tr><td rowspan="2">1</td><td>3</td><td rowspan="2">6</td></tr>
<tr><td>4</td></tr>
<tr><td>2</td><td>5</td><td>7</td></tr>
</table>

1. 老槐树的丰姿
2. 列植于广场上
3. 枝叶
4. 花序
5. 花期圆满的树冠
6. 是庄园美化的好树种
7. 龙爪槐

幌伞枫

Heteropanax fragrans

五加科幌伞枫属

形态特征 常绿乔木，高5～30m；树皮淡灰棕色，枝无刺。叶大，三至五回羽状复叶；小叶片在羽片轴上对生，纸质，椭圆形，先端短尖，基部楔形，两面均无毛，边缘全缘。圆锥花序顶生；果实卵球形。花期10～12月，果期次年2～3月。

分布习性 分布于我国云南、广西、广东等地；印度、不丹、孟加拉国、缅甸和印度尼西亚亦有分布。喜高温多湿及弱光，忌干燥，抗寒力较低，能耐5～6℃的低温及轻霜，不耐0℃以下低温。

繁殖栽培 采用播种、扦插、压条等方法进行繁殖育苗。

园林用途 树形端正，枝叶茂密，在庭院中既可孤植，也可片植。盆栽可作为室内的观赏树种，多用在庄重肃穆的场合，冬季圣诞节前后，多置放在饭店、宾馆。

1
2
3

1. 列植于池旁
2. 植于树池装饰建筑广场
3. 在风景区中的美姿

加　杨

Populus × canadensis

杨柳科杨属

形态特征　落叶大乔木，高30m余。干直，树皮粗厚，深沟裂，下部暗灰色，上部褐灰色，大枝微向上斜伸，树冠卵形；萌枝及苗茎棱角明显，小枝圆柱形。芽大，初为绿色，后变褐绿色。叶三角形或三角状卵形，一般长大于宽，先端渐尖，基部截形或宽楔形，边缘半透明，有圆锯齿，近基部较疏，具短缘毛，上面暗绿色，下面淡绿色。雄花序轴光滑，苞片淡绿褐色，不整齐，花盘淡黄绿色，花丝细长，白色，超出花盘；雌花序有花45～50朵。蒴果卵圆形。花期4月，果期5～6月。

分布习性　原产欧、美洲；我国除广东、云南、西藏外，各地均有引种栽培。性喜温暖湿润气候，喜光，耐寒，耐瘠薄及微碱性土壤；速生。

繁殖栽培　有播种和扦插育苗，可裸根移植；扦插苗成活率高。扦插常于春末秋初用当年生的枝条进行嫩枝扦插，或于早春用去年生的枝条进行老枝扦插。也可压条繁殖。

园林用途　树冠广阔，叶片大且光泽，宜作行道树、庭荫树、公路树及防护林等。孤植、列植都适宜。是华北及江淮平原常见的绿化树种，适合工矿区绿化及“四旁”绿化。因杨絮到处散播造成环境污染，行道树以种雄株为宜。同属中有很多变种均可用于绿化，如健杨、沙兰杨、尤金杨、晚花杨、新生杨等。

1
2

1. 作行道树
2. 列植气派非凡

假苹婆

Sterculia lanceolata

梧桐科苹婆属

形态特征 常绿乔木，小枝幼时被毛。叶椭圆形、披针形或椭圆状披针形，顶端急尖，基部钝形或近圆形，上面无毛，下面几无毛。圆锥花序腋生，密集且多分枝；花淡红色。蓇葖果鲜红色，长卵形或长椭圆形；种子黑褐色，椭圆状卵形。花期4～6月。

分布习性 分布于我国广东、广西、云南、贵州和四川南部。缅甸、泰国、越南、老挝也有分布。性喜光，喜温暖多湿气候，不耐干旱，也不耐寒，喜土层深厚、富含有机质之壤土。

繁殖栽培 采用播种繁殖育苗。当果成熟开裂时，即可带果采下，剥出种子，不宜在日光下暴晒；不能脱水，应即采即播，沙床不宜太湿，以免影响发芽率；用条点播法播种，1个星期即发芽。在种子刚发芽的萌动期即移入营养袋，可提高移植成活率，减少管理工作。

园林用途 树干通直，树冠球形，翠绿浓密，果鲜红色，可作园林风景树和绿荫树，也可作庭园树和行道树。

同属植物 苹婆 *Sterculia nobilis*，常绿乔木，树皮褐黑色，小枝幼时略有星状毛。叶薄革质，矩圆形或椭圆形，顶端急尖或钝，基部浑圆或钝，两面均无毛；托叶早落。圆锥花序顶生或腋生，柔弱且披散；花梗远比花长；萼初时乳白色，后转为淡红色，钟状，外面有短柔毛。蓇葖果鲜红色，厚革质，矩圆状卵形，顶端有喙，每果内有种子1～4个；种子椭圆形或矩圆形，黑褐色。花期4～5月，但在10～11月常可见少数植株开第二次花。

1	2	5	6	7
3		8		10
4		9		

1. 苹婆叶枝
2. 苹婆果实
3. 花期的假苹婆
4. 孤植于庭园
5. 假苹婆果序
6. 假苹婆蓇葖果
7. 花枝
8. 在草地上的景观
9. 与建筑物配置，景色宜人
10. 苹婆树姿

降香黄檀

Dalbergia odorifera

蝶形花科黄檀属

形态特征 落叶乔木，高10～15m。小枝有小而密集的皮孔。羽状复叶长12～25cm；托叶早落；小叶3～6对，近革质，卵形或椭圆形，复叶顶端的1枚小叶最大，往下渐小，先端渐尖或急尖，钝头，基部圆或阔楔形。圆锥花序腋生，分枝呈伞房花序状；花冠乳白色或淡黄色，各瓣近等长，旗瓣倒心形；子房狭椭圆形。荚果舌状长圆形，果瓣革质，长种子的部分明显凸起，状如棋子。花期3～4月，果期10～11月。

分布习性 主要分布在我国海南；生于中海拔有山坡的疏林中、林缘或村旁旷地上。

繁殖栽培 以播种繁殖育苗。当荚果变为黄褐色时，即可采摘，晒干，揉碎果皮，取出种子，播前用清水浸泡24小时，均匀撒播于苗床上，半月内开始发芽。当长出真叶时，即可移入营养袋或分床移植。用1年生苗出圃移栽。

园林用途 树形优美，姿态洒脱，微有香味，是优良的绿化树种；适合散植、丛植于公园、风景区绿地，具有良好的景观效果。

同属植物 印度黄檀 *Dalbergia sissoo*，落叶大乔木。树皮灰色，心材褐色有暗纹；小枝被柔毛。总叶柄曲屈，互生；小叶3～5片，广椭圆形或卵形。腋生长圆锥花序丛；花序梗、花梗、分枝及萼均被毛；花黄白色，近于无梗。荚果线状披针形。花期3～4月，果熟期11月。

1
2

1. 果序
2. 作行道树

蓝果树

Nyssa sinensis

蓝果树科蓝果树属

形态特征 落叶乔木，高达20余米，树皮淡褐色或深灰色，粗糙，常裂成薄片脱落；小枝圆柱形，无毛，当年生枝淡绿色，多年生枝褐色；冬芽淡紫绿色。叶纸质或薄革质，互生，椭圆形或长椭圆形，稀卵形或近披针形，顶端短急锐尖，基部近圆形，边缘略呈浅波状，上面无毛，深绿色。花序伞形或短总状。核果矩圆状椭圆形或长倒卵圆形，稀长卵圆形，微扁。花期4月下旬，果期9月。

分布习性 分布于我国江苏、浙江、安徽、江西、湖北、四川、湖南、贵州、福建、广东、广西、云南等地。喜光，喜温暖湿润气候，耐干旱瘠薄。

繁殖栽培 采用播种繁殖育苗。果熟时采收后摊放后熟，将种子洗净阴干后冬播，或沙藏至翌年早春播种。

园林用途 柱形美观，适植于社区庭园、公园及景区绿地，具有良好的景观效果。

1

2

1. 枝叶
2. 在林地中的景观

榄仁树

Terminalia catappa

使君子科榄仁树属

形态特征　半落叶乔木，高15m或更高，树皮褐黑色，纵裂而剥落状；枝平展。叶大，互生，常密集于枝顶，叶片倒卵形，先端钝圆或短尖，中部以下渐狭，基部截形或狭心形。穗状花序长而纤细，腋生；花多数，绿色或白色。果椭圆形，常稍压扁。花期3～6月，果期7～9月。

分布习性　原产于广东、海南、台湾、云南；马来西亚、越南以及印度、大洋洲均有分布，南美热带海岸也很常见。性喜高温多湿，并耐盐分。

繁殖栽培　可用播种，常在春至夏季播种；也可用嫁接法。以肥沃的沙质土壤为最佳，排水、日照需良好。幼株需水较多，应常补给。每年春、夏季各施有机肥一次。树冠若不均衡，待冬季落叶后稍加修整。

园林用途　主干浑圆挺直，树姿优美；春季新芽翠绿，秋冬落叶前转变为黄色或红色。可散植、列植于公共绿地；也可作行道树，景观效果尤佳。

同属植物　阿江榄仁 *Terminalia arjuna*，落叶大乔木，高15m或更高，树皮褐黑色，纵裂而剥落状；枝平展，近顶部密被棕黄色的茸毛，具密而明显的叶痕。叶片倒卵形，互生，常密集于枝顶，先端钝圆或短尖，中部以下渐狭，基部截形或狭心形。穗状花序长而纤细，腋生，雄花生于上部，两性花生于下部。果椭圆形，常稍压扁，两端稍渐尖，果皮木质，坚硬，成熟时青黑色；种子一颗，矩圆形，含油质。花期3～6月，果期7～9月。

小叶榄仁 *Terminalia mantaly*，落叶乔木，株高可达15m，其花小而不显著，呈穗状花序，主干浑圆挺直，枝丫自然分层轮生于主干四周，层层分明有序水平向四周开展，枝桠柔软，小叶枇杷形，具短茸毛，冬季落叶后光秃柔细的枝桠美，益显独特风格；春季萌发青翠的新叶，随风飘逸，姿态甚为优雅。树形虽高，但枝干极为柔软，根群生长稳固后，极抗强风吹袭，并耐盐分，为优良的海岸树种。原产于非洲；我国广东、香港、台湾、广西、福建、海南均有栽植。

1		6	7
2	4	8	
3	5	9	10

1. 小叶榄仁列植于宅院
2. 小叶榄仁群植于池畔
3. 小叶榄仁孤植于古建筑旁
4. 榄仁树叶丛
5. 作行道树
6. 小叶榄仁枝叶
7. 榄仁树果实
8. 阿江榄仁
9. 小叶榄仁丛植于绿地
10. 榄仁树姿态优美

楝

Melia azedarach

楝科楝属

形态特征 落叶乔木，高达10m余；树皮灰褐色，纵裂。叶为二至三回奇数羽状复叶；小叶对生，卵形、椭圆形至披针形，顶生一片通常略大，先端短渐尖，基部楔形或宽楔形，多少偏斜，边缘有钝锯齿。圆锥花序约与叶等长，无毛或幼时被鳞片状短柔毛；花芳香。核果球形至椭圆形；种子椭圆形。花期4～5月，果期10～12月。

分布习性 原产于我国黄河以南各地；广布于亚洲热带和亚热带地区，温带地区也有栽培。生于低海拔旷野、路旁或疏林中。对土壤要求不严，在酸性土、中性土与石灰岩地区均能生长。

繁殖栽培 主要有播种繁殖。在果实呈浅黄色，种子红色时即可采收，除去果壳后即行播种，或用湿沙层积贮藏，至发芽时取出播种，约15～20日后开始出苗，加强苗期管理，待苗高80cm，即可移植。

园林用途 树冠茂密，叶片深绿，是优良的庭院绿化树种。

	1
	2
4	3

1. 枝叶
2. 花序
3. 在绿地中的景观
4. 独植湖畔

1	
2	

1. 叶片
2. 丛植于草地上

马蹄荷

Exbucklandia populnea

金缕梅科马蹄荷属

形态特征 常绿乔木，高20m，小枝被短柔毛，节膨大。叶革质，阔卵圆形，全缘，或嫩叶有掌状3浅裂；先端尖锐，基部心形，或偶为短的阔楔形，上面深绿色，发亮，下面无毛。头状花序单生或数枝排成总状花序；蒴果椭圆形。

分布习性 分布于我国西藏、云南、贵州及广西等地。缅甸、泰国及印度亦有分布。喜光，喜温暖、湿润的气候。

繁殖栽培 采用播种繁殖育苗。

园林用途 树姿优美，树干通直，叶大光亮。适作庭荫树或郊外营造风景林，孤植、丛植、群植均宜。

毛白杨

Populus tomentosa

杨柳科杨属

形态特征 落叶乔木，高达30m。树皮幼时暗灰色，壮时灰绿色，渐变为灰白色，老时基部黑灰色，纵裂，粗糙，干直或微弯，皮孔菱形散生，或2～4连生；树冠圆锥形至卵圆形或圆形。侧枝开展，雄株斜上，老树枝下垂；小枝（嫩枝）初被灰毡毛，后光滑。芽卵形，花芽卵圆形或近球形，微被毡毛。长枝叶阔卵形或三角状卵形，先端短渐尖，基部心形或截形，边缘深齿牙缘或波状齿牙缘，上面暗绿色，光滑，下面密生毡毛，后渐脱落。蒴果圆锥形或长卵形。花期3月，果期4月。

分布习性 分布于辽宁、河北、山东、山西、陕西、甘肃、河南、安徽、江苏、浙江等地，以黄河流域中、下游为中心分布区。深根性，耐旱力较强，黏土、壤土、沙壤上或低湿轻度盐碱土均能生长。

繁殖栽培 采用种子、根蘖繁殖，或移植萌生苗，扦插成活率低。

园林用途 树姿雄壮，冠形优美，为各地群众所喜欢栽植的优良庭园绿化树种，也为优良行道树种。

同属植物 响叶杨 *Populus adenopoda*，喜光，速生，根萌芽性强，天然更新良好，雌株较多，种子繁殖。插条、栽干不易成活。

河北杨 *Populus hopeiensis*，本种为山杨和毛白杨的天然杂交种，且常出现复交情况。因此树形、树皮及叶形变化很大，有时近似山杨，有时近似毛白杨。适于高寒多风地区，耐寒、耐旱，喜湿润，但不抗涝。

<table>
<tr><td>1</td><td>2</td><td rowspan="2" colspan="2">5</td></tr>
<tr><td colspan="2">3</td></tr>
<tr><td colspan="2">4</td><td>6</td><td>7</td></tr>
</table>

1. 叶面
2. 叶背
3. 河北杨枝叶
4. 响叶杨叶片
5. 河北杨作行道树
6. 毛白杨树姿
7. 列植路旁

木麻黄

Casuarina equisetifolia

木麻黄科木麻黄属

形态特性 常绿乔木，高达30m，胸径70cm。树皮暗褐色，纵裂。小枝灰绿色，下垂，似松针，每节通常有退化鳞片叶7枚，节间有棱7条，部分小枝冬季脱落。花单性同株，雌花序紫色。果序球形，苞片有毛。花期4～5月，果熟期7月。

分布习性 原产大洋洲及邻近的太平洋地区；我国南部沿海地区有栽培。性喜光，喜炎热气候，不耐寒。对土壤适应性强，耐干旱、盐碱、瘠薄及潮湿，根系发达，深根性，有固氮菌根，抗风强。

繁殖栽培 以播种繁殖育苗，亦可用半成熟枝扦插。在5～8月采集健壮的嫩枝，进行组培育苗或扦插育苗。剪取萌条植株中半木质化的部分，每枝插条应带3～5个叶片，插条长8～10cm，应将插条上较嫩的顶端以及叶腋下过长的小枝剪掉，并将过大的叶片剪去1/2～2/3，以减少蒸发，以利于生根、成活。同时可采用ABT生根粉进行处理。移植须带宿土。

园林用途 木麻黄防风固沙能力极强，是我国华南沿海地区最适合的造林树种之一，凡沙地和海滨地区均可栽植。海南岛作海防林或绿篱，台湾、广州等地用作行道树，还可与相思树、银合欢等混交营造风景林，亦是南方沿海造林的先锋树种。

	2	5
	3	
1	4	

1. 盆栽装饰阳台
2. 列植湖边
3. 小枝下垂
4. 高大的树姿
5. 浓郁的树冠形成林荫道

毛泡桐

Paulownia tomentosa

玄参科泡桐属

形态特征　落叶乔木，高达30m，树冠圆锥形，主干直，树皮灰褐色；幼枝、叶、花序各部和幼果均被黄褐色星状茸毛，但叶柄、叶片上面和花梗渐变无毛。叶片长卵状心脏形，有时为卵状心脏形，顶端长渐尖或锐尖头。小聚伞花序有花3～8朵，总花梗几与花梗等长，花白色，仅背面稍带紫色或浅紫色。蒴果长圆形或长圆状椭圆形。花期3～4月，果期7～8月。

分布习性　分布于我国安徽、浙江、福建、台湾、江西、湖北、湖南、四川、云南、贵州、广东、广西，野生或栽培，在山东、河北、河南、陕西等地近年有引种。越南、老挝也有分布。

繁殖栽培　采用播种和扦插繁殖育苗。扦插育苗在2月下旬选当年生的健壮、圆满通直、粗度为1～1.5cm的泡桐根，截成长15～20cm的种条，种条上端要剪平，下端剪成斜面。将种条按粗、细分开，上下头要分清，清除伤根和弱根，置于阴凉处晾2～3天或放在阳光下晒1天，注意不可暴晒。开挖窄沟，沟深15cm左右，然后将种条插入，并培土压实，覆土厚度2～3cm，浇透水。

园林用途　树干通直，生长快，适应性较强，适宜于南方发展。树姿优美，花色艳丽，并有较强的净化空气和抗大气污染的能力，是良好的城镇绿化树种。

1. 花期，繁花满树，景色动人
2. 列植湖畔

朴　树

Celtis sinensis

榆科朴属

形态特征　落叶乔木，高达15m；树皮灰色或暗灰色。叶多为卵形或卵状椭圆形，先端尖至渐尖。果较小。花期3～4月，果期9～10月。

分布习性　分布于我国山东、河南、江苏、安徽、浙江、福建、江西、湖南、湖北、四川、贵州、广西、广东、台湾等地。多生于路旁、山坡、林缘，海拔100～1500m。弱阳性，喜温暖，抗烟尘及毒气，耐轻盐碱土，深根性，抗风能力强，生长慢，寿命长。

繁殖栽培　用播种繁殖。种子9月成熟。采收后堆放后熟。搓洗取净，阴干沙藏。冬播或湿沙层积到翌年春播。第二年春季可分床培育。培大期间要注意整形修剪，养成干形通直、冠形匀美的大苗。大苗移植要带土球。

园林用途　树冠圆满宽广，树荫浓郁，适合散植、孤植、列植于公园、庭园作庭荫树。也可以供街道、公路列植作行道树；亦可作桩景材料。

同属植物　滇朴 *Celtis kunmingensis*，为云南乡土树种，高大落叶乔木，叶常为卵形、卵状椭圆形或带菱形。果通常单生，近球形，熟时蓝黑色。分布于云南昆明以北地区及四川南部。

1	
2	3

1. 滇朴孤植园路旁
2. 对植
3. 朴树冠大荫浓，树姿美丽

琴叶榕

Ficus pandurata

桑科榕属

形态特征 常绿小乔木，高2m以上。嫩枝幼时被白色柔毛。叶纸质，提琴形或倒卵形，先端急尖有短尖，基部圆形至宽楔形，中部缢缩，表面无毛。榕果单生叶腋，鲜红色，椭圆形或球形。花期6～8月。

分布习性 分布于我国广东、海南、广西、福建、湖南、湖北、江西、安徽、浙江。越南也有分布。

繁殖栽培 采用扦插和压条繁殖育苗。

园林用途 叶片宽大、奇特，且株形规则，具大方庄重之美感，富有热带情调。因耐阴性很强，常作中小盆栽培，适合家庭室内及宾馆等光线较弱的环境绿化装饰。

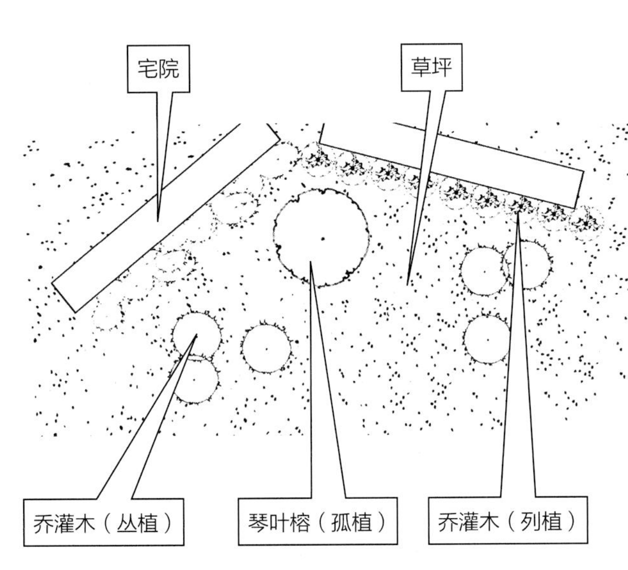

1	2
3	
4	

1. 枝叶
2. 小区庭园美化
3. 在广场散植
4. 庭园中绿化应用

人面子

Dracontomelon duperreanum

漆树科人面子属

形态特征 常绿大乔木，高达20m余；幼枝具条纹，被灰色茸毛。奇数羽状复叶，有小叶5～7对，叶轴和叶柄具条纹，疏被毛；小叶互生，近革质，长圆形，自下而上逐渐增大，先端渐尖，基部常偏斜，阔楔形至近圆形，全缘。圆锥花序顶生或腋生，比叶短；花白色。核果扁球形，成熟时黄色，果核压扁；种子3～4颗。

分布习性 原产于我国云南、广西、广东等地。越南也有分布。性喜温暖湿润的气候；喜高温高湿，对土壤要求不严，以土层深厚、疏松而肥沃的壤土为好。

繁殖栽培 用种子繁殖。入秋采收成熟果实；将种子晾干后在通风处用布袋保藏，于翌年3月播种。常见的方法还是扦插繁殖育苗，即取其茎枝，剪成插条(插穗)后，插于土壤中，让其在适宜的环境条件下生根发芽，独立长成健壮的植株。

园林用途 树姿优美，冠幅广阔，枝叶亮绿，适合于列植、孤植、散植，景观效果甚佳，是南方园林优良的绿化树种。

1. 作行道树
2. 树姿优美，孤植景观效果
3. 散植路旁

石　栗

Aleurites moluccana

大戟科石栗属

形态特征　常绿乔木，高达18m，树皮暗灰色，浅纵裂至近光滑；嫩枝密被灰褐色星状微柔毛，成长枝近无毛。叶纸质，卵形至椭圆状披针形（萌生枝上的叶有时圆肾形，具3～5浅裂），顶端短尖至渐尖，基部阔楔形或钝圆，稀浅心形。花雌雄同株，同序或异序，花瓣长圆形，乳白色至乳黄色。核果近球形或稍偏斜的圆球状。花期4～10月。

分布习性　分布于我国福建、台湾、广东、海南、广西、云南等地。亚洲热带、亚热带地区也有分布。喜光，耐旱，怕涝，对土壤要求不太严。

繁殖栽培　采用播种和扦插繁殖育苗。

园林用途　树冠浓郁，是城镇庭园优良的绿化树种，同时可作行道树。

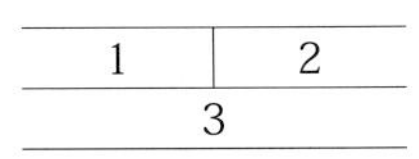

1. 枝叶
2. 花序
3. 树姿雄伟，树冠浓郁

栓皮栎

Quercus variabilis

壳斗科栎属

形态特征　落叶乔木，高达30m；树皮黑褐色，深纵裂，木栓层发达。小枝灰棕色，无毛；芽圆锥形，芽鳞褐色，具缘毛。叶片卵状披针形或长椭圆形，顶端渐尖，基部圆形或宽楔形，叶缘具刺芒状锯齿，叶背密被灰白色星状茸毛。坚果近球形或宽卵形，果脐突起。花期3～4月，果期翌年9～10月。

分布习性　原产于我国辽宁、河北、山西、陕西、甘肃、山东、江苏、安徽、浙江、江西、福建、台湾、河南、湖北、湖南、广东、广西、四川、贵州、云南等地。喜光，稍耐寒，对土壤要求不严，耐旱；抗风，抗火。

繁殖栽培　以种子或萌芽繁殖。育苗有大田育苗和容器育苗两种，大田育苗种子无休眠期，因地区而异，可随采随播，也可用春播，黄河流域种子成熟较早，可进行秋播，长江流域各地可在11～12月间进行冬播。混沙贮藏的种子，春播时应尽可能提早。在南方秋、冬播种较春播好。容器育苗既可在春季进行，亦可在秋季进行。

园林用途　树姿优美，枝叶茂盛，可孤植、丛植或与它树混交成林，均甚适宜。是优良的公共绿地绿化树种。

1	2
3	4
5	

1. 枝叶
2. 果枝
3. 散植园中
4. 植于路旁，遮阴效果好
5. 树姿优美，枝叶茂盛

水石榕

Elaeocarpus hainanensis

杜英科杜英属

形态特征 常绿小乔木，具假单轴分枝，树冠宽广；嫩枝无毛。叶革质，狭窄倒披针形，先端尖，基部楔形，幼时上下两面均秃净，老叶上面深绿色，干后发亮，下面浅绿色。总状花序生当年枝的叶腋内；花瓣白色。核果纺锤形，两端尖。花期6～7月。

分布习性 原产于我国海南、广西及云南等地。在越南、泰国也有分布。喜生于低湿处及山谷水边。

繁殖栽培 以播种繁殖。种子秋季成熟后采后即播，适当的浸种可促进发芽，提高发芽率。

园林用途 分枝多而密，形成圆锥形的树冠；花冠洁白淡雅，可孤植或散植于公园、风景区及社区庭园，具良好的景观效果。

<table>
<tr><td>1</td><td rowspan="2">4</td></tr>
<tr><td>2</td></tr>
<tr><td>3</td><td>5</td></tr>
</table>

1. 花枝
2. 树姿优美
3. 散植于草坡上
4. 在风景区的景观
5. 与其它植物配植

台湾相思

Acacia confusa

含羞草科金合欢属

形态特征 常绿乔木，高6～15m，无毛；枝灰色或褐色，无刺，小枝纤细。苗期第一片真叶为羽状复叶，长大后小叶退化，叶柄变为叶状柄，叶状柄革质，披针形，直或微呈弯镰状，两端渐狭，先端略钝，两面无毛。头状花序球形，单生或2～3个簇生于叶腋；总花梗纤弱，花金黄色，有微香。荚果扁平。花期3～10月；果期8～12月。

分布习性 原产于我国台湾、福建、广东、广西、云南；菲律宾、印度尼西亚、斐济亦有分布。喜暖热气候，亦耐低温，喜光，亦耐半阴，耐旱瘠土壤，亦耐短期水淹，喜酸性土。

繁殖栽培 以播种繁殖育苗。

园林用途 其树冠苍翠绿浓，为优良的庭荫树、行道树、园景树、防风树、护坡树。幼树可作绿篱。在庭园、校园、公园、游乐区、庙宇等处均可单植、列植、群植。尤适于海滨绿化。

同属植物 三角叶相思树 *Acacia pravissima*，常绿乔木。树冠开展。枝拱形。叶状柄三角形，银灰色，先端刺状。头状花序小，花亮黄色，冬末或初春开放。产澳大利亚。

<table>
<tr><td>1</td><td>4</td><td>5</td></tr>
<tr><td>2</td><td colspan="2" rowspan="2">6</td></tr>
<tr><td>3</td></tr>
</table>

1. 台湾相思花序
2. 台湾相思
3. 三角叶相思枝叶
4. 三角叶相思树姿
5. 三角叶相思景观
6. 台湾相思在山道两旁列植

糖胶树

Alstonia scholaris

夹竹桃科鸡骨常山属

形态特征 常绿乔木，高达20m；枝轮生，具乳汁，无毛。叶3～8片轮生，倒卵状长圆形、倒披针形或匙形，稀椭圆形或长圆形，无毛，顶端圆形，钝或微凹，稀急尖或渐尖，基部楔形。花白色，多朵组成稠密的聚伞花序，顶生，被柔毛；外果皮近革质，灰白色；种子长圆形，红棕色。花期6～11月，果期10月至翌年4月。

分布习性 原产于我国广西和云南，广东、湖南和台湾有栽培。尼泊尔、印度、斯里兰卡、缅甸、泰国、越南、柬埔寨、马来西亚、印度尼西亚、菲律宾和澳大利亚热带地区也有分布。性喜湿润肥沃土壤，在水边生长良好。

繁殖栽培 采用播种或扦插繁殖。在生产上，改良土壤酸性，增施有机肥，提高土壤有机质含量和pH值是糖胶树高效栽培的一项重要技术措施。

园林用途 树形美观，雄伟壮观，在广东和台湾等地常作行道树或在公园栽培观赏。

同属植物 盆架树 *Alstonia rostrata* 。

1	2	4	
3		5	6

1. 盆架树枝叶
2. 糖胶树枝叶
3. 盆架树列植园路旁
4. 盆架树在广场形成树阵
5. 盆架树孤植
6. 糖胶树散植林地

铁力木

Mesua ferrea

藤黄科铁力木属

形态特征 常绿乔木，具板状根，高20～30m，树干端直，树冠锥形。叶嫩时黄色带红，老时深绿色，革质，通常下垂，披针形或狭卵状披针形至线状披针形，顶端渐尖或长渐尖至尾尖，基部楔形。花两性，1～2顶生或腋生；花瓣4枚，白色，倒卵状楔形。果卵球形或扁球形。花期3～5月，果期8～10月。

分布习性 原产于我国云南、广东、广西等地。印度、斯里兰卡、孟加拉国、泰国经中南半岛至马来半岛等地均有分布。

繁殖栽培 以播种繁殖，多在秋冬播种，也可春播。经清洗的种子，先用沙藏层积催芽。挑出幼芽刚突破种皮的种子点播于苗床，苗期充分浇水，避免阳光直射，苗长至5～7片大叶时，便可出圃定植和盆栽。

园林用途 树冠锥状，姿形美观，叶色光泽，枝如柳叶，嫩叶猩红，芳香袭人。可孤植、散植于园林公共绿地，景观效果好。

1. 下垂的枝叶
2. 树冠锥状，姿形优美

无患子

Sapindus mukorossi

无患子科无患子属

形态特征 落叶大乔木，高可达20m余，树皮灰褐色或黑褐色；嫩枝绿色，无毛。叶连柄长25～45cm或更长；小叶5～8对，通常近对生，叶片薄纸质，长椭圆状披针形或稍呈镰形，顶端短尖或短渐尖，基部楔形，稍不对称，腹面有光泽，两面无毛或背面被微柔毛。花序顶生，圆锥形，花小；果的发育分果片近球形，橙黄色。花期春季，果期夏秋。

分布习性 分布于我国东部、南部至西南部。日本、朝鲜、中南半岛和印度等地也常栽培。

繁殖栽培 可采用播种、插枝、根芽、压条等繁殖育苗。

园林用途 树型高大，树冠广展，绿荫稠密，秋叶金黄，颇为美观。宜作庭荫树及行道树。若与其它秋色叶树种及常绿树种配植，更可为园林秋景增色。

1	
2	3

1. 作行道路

2、3. 在居住区路旁列植

梧 桐

Firmiana platanifolia

梧桐科梧桐属

形态特征 落叶乔木，高达16m；树皮青绿色，平滑。叶心形，掌状3～5裂，裂片三角形，顶端渐尖，基部心形。圆锥花序顶生，花淡黄绿色；蓇葖果膜质，种子圆球形。花期6月。

分布习性 分布于我国南北各地，从海南到华北均有之。也分布于日本。性喜温暖湿润气候，但耐寒性不强。在酸性、中性及钙质土上均能生长。

繁殖栽培 常用播种法繁殖，扦插、分根也可。秋季果熟时采收脱粒后当年秋播，也可沙藏至翌年春播。当年生苗高可达50cm以上，翌年分栽培养。3年生苗即可出圃。

园林用途 “东西植松柏，左右种梧桐。枝枝相覆盖，叶叶相交通”。为植于庭园的优良观赏树种。

同属植物 云南梧桐 *Firmiana major*，落叶乔木，高达15m；树干直，树皮青带灰黑色，略粗糙；小枝粗壮，被短柔毛。叶掌状3裂。圆锥花序顶生或腋生，花紫红色；花期6～7月，果熟期10月。其枝叶茂盛，为优良的庭园树和行道树。

1. 列植路旁
2. 梧桐果序

小桐子

Jatropha curcas

大戟科麻疯树属

形态特征 又称麻疯树。落叶小乔木，高2～5m，具水状液汁，树皮平滑；枝条苍灰色，无毛，疏生突起皮孔，髓部大。叶纸质，近圆形至卵圆形，顶端短尖，基部心形，全缘或3～5浅裂，上面亮绿色，无毛，下面灰绿色，初沿脉被微柔毛，后变无毛。花序腋生；花瓣长圆形，黄绿色。蒴果椭圆状或球形；种子椭圆状，黑色。花期9～10月。

分布习性 原产美洲热带；现广布于全球热带地区。我国福建、台湾、广东、海南、广西、贵州、四川、云南等地有栽培或少量逸为野生。

繁殖栽培 采用播种和扦插繁殖育苗。

园林用途 树冠圆整，叶硕光绿，是经济价值高的油料植物，也可植于庭院观赏。

1	2
3	
4	

1. 叶丛
2. 果序
3. 庭园种植
4. 林地丛植景观

悬铃木

Platanus orientalis

悬铃木科悬铃木属

形态特征 落叶大乔木，高达30m，树皮薄片状脱落；老枝秃净，干后红褐色，有细小皮孔。叶大，轮廓阔卵形，基部浅三角状心形，或近于平截，上部掌状5～7裂，稀为3裂，中央裂片深裂过半，两侧裂片稍短，边缘有少数裂片状粗齿，上下两面初时被灰黄色毛被，以后脱落，仅在背脉上有毛，掌状脉5条或3条，从基部发出。花4数；花瓣倒披针形。有圆球形头状果序3～5个，稀为2个；小坚果之间有黄色茸毛，突出头状果序外。

分布习性 原产欧洲东南部及亚洲西部，久经栽培。性喜光。喜湿润温暖气候，较耐寒。适生于微酸性或中性、排水良好的土壤。根系分布较浅，台风时易受害而倒斜。抗空气污染能力较强。

繁殖栽培 通常采用插条和播种育苗。插条育苗在落叶后及早采条，采条后随即在庇荫无风处截成插穗。苗圃地要求排水良好，土质疏松，熟土层深厚，肥沃湿润；切忌积水，否则生根不良。播种育苗对种实处理，在12月间采果球摊晒后贮藏，到播种时捶碎，播种前将小坚果进行低温沙藏20～30天，可促使发芽迅速整齐。当幼苗具有4片叶子时，即可拆除荫棚。苗高10cm时可开始追肥，每隔10～15天施一次。

园林用途 树形雄伟，枝叶茂密，是世界著名的优良庭荫树和行道树，有“行道树之王”之称。 悬铃木是郑州市的市树。

同属植物 一球悬铃木（美国梧桐）*Platanus occidentalis*，果枝有球状果序1～2个，叶深裂或浅裂，具离基三出脉；叶多为3浅裂。

二球悬铃木（英国梧桐）*Platanus acerifolia*，叶5～7掌状深裂，花4数，果序常为2，稀1或3个。

1	3	4
2	5	

1. 叶片
2. 优良的庭荫树
3. 果实
4. 作行道树，形成林荫道
5. 优美的树干，形成一道美丽的风景

雅　榕

Ficus concinna

桑科榕属

形态特征　常绿乔木，高15～20m；树皮深灰色，有皮孔；小枝粗壮，无毛。叶狭椭圆形，全缘，先端短尖至渐尖，基部楔形，两面光滑无毛，干后灰绿色。榕果成对腋生或3～4个簇生于无叶小枝叶腋，球形。花果期3～6月。

分布习性　原产于我国广东、广西、贵州、云南等地；不丹、印度、中南半岛各国、马来西亚、菲律宾、北加里曼丹也有分布。

繁殖栽培　用播种或扦插繁殖。在2月下旬至3月上中旬，选取生长健壮的母树，剪取2～3年生无损伤的粗壮枝条，截成1.8～2m长的插穗。穗条上端修平，并用黄泥浆裹住伤口，再用薄膜包扎，下部削成马耳形切面，要求切面平滑勿撕裂。下切口用浓度为50mg/L的ABT生根粉液浸泡2小时左右，待药液中的酒精挥发后再扦插。当天剪取的插穗要当天插完，以防插条失水。将处理过的插穗及时直立埋入坑底。完成后，立即浇足定根水。当苗床土壤温度达到16℃以上时，插穗开始生根。露地移植需带土球，植后要及时浇水，直到成活。

园林用途　树姿优美，枝叶茂密，是优良的庭荫树种。

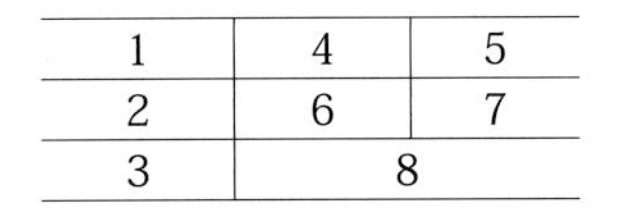

1	4	5
2	6	7
3	8	

1. 雅榕果枝
2. 树姿优美，枝叶茂密
3、5. 列植路旁，形成美丽的街景
4. 修剪成大盆景
6. 浓荫蔽日
7. 百年古树气势磅礴
8. 修剪成各种造型

印度橡胶榕
Ficus elastica
桑科榕属

形态特征 常绿乔木，高达20～30m；树皮灰白色，平滑；幼小时附生，小枝粗壮。叶厚革质，长圆形至椭圆形，先端急尖，基部宽楔形，全缘，表面深绿色，光亮，背面浅绿色。榕果成对生于已落叶枝的叶腋，卵状长椭圆形，黄绿色。花期冬季。

分布习性 原产于不丹、尼泊尔、印度东北部、缅甸、马来西亚、印度尼西亚；我国云南在800～1500m处也有野生分布；华南地区均有栽培。其性喜高温湿润、阳光充足的环境，也能耐阴，但不耐寒。

繁殖栽培 常用扦插和高压繁殖。扦插繁殖较简单，极易成活且生长快。一般于春末夏初结合修剪进行。选择1年生木质化的中部枝条作插穗，插穗以保留3个芽为准，剪去下面的一个叶片，将上面两个叶子合拢，并绑好，或将上面叶片剪去半叶，以减少水分蒸发；为了防止剪口乳汁流失过多而影响成活，应及时用草木灰涂抹伤口；将处理好的插穗扦插于河沙或蛭石为基质的插床；插后保持插床有较高的湿度，并经常向地面洒水（但不能积水），以提高空气湿度。在18～25℃温度，且半阴条件下，经2～3周即可生根；1～2个月后，将生根枝条剪下上盆。

园林用途 树冠广阔，树叶革质，宽大美观且有光泽，可孤植、列植于公园、风景区等公共绿地，雄伟壮观，园林景观效果甚佳。

1
2
3

1. 枝叶
2. 孤植草地上
3. 独特的气生根景观

阴　香

Cinnamomum burmanni

樟科樟属

形态特征　常绿乔木，高达14m；树皮光滑，灰褐色至黑褐色，内皮红色，味似肉桂。枝条纤细，绿色或褐绿色，具纵向细条纹，无毛。叶互生或近对生，稀对生，卵圆形、长圆形至披针形，先端短渐尖，基部宽楔形，革质，上面绿色，光亮，下面粉绿色。圆锥花序腋生或近顶生，比叶短，最末分枝为3花的聚伞花序。花绿白色。果卵球形。花期主要在秋、冬季，果期主要在冬末及春季。

分布习性　原产于我国广东、广西、云南及福建。印度，经缅甸和越南，至印度尼西亚和菲律宾也有分布。性喜光，喜暖热湿润气候及肥沃湿润土壤。

繁殖栽培　采用播种和压条繁殖育苗。压条应选取健壮的枝条，从顶梢以下大约15～30cm处把树皮剥掉一圈，然后用薄膜把环剥处包扎，薄膜的上下两端扎紧，中间填基质，浇水，中间鼓起。约4～6周后生根就成为新株。

园林用途　树冠伞形或近圆球形，株形优美。宜作庭园和道旁树。阴香对氯气和二氧化硫均有较强的抗性，为理想的防污绿化树种。

1	2
3	
4	

1. 花枝
2. 孤植于草地
3. 列植成行道树
4. 风景区中的景观

柚　木

Tectona grandis f.

马鞭草科柚木属

形态特征　落叶或半落叶大乔木，高达40m；小枝淡灰色或淡褐色，四棱形，被灰黄色或灰褐色星状茸毛。叶对生，厚纸质，全缘，卵状椭圆形或倒卵形，顶端钝圆或渐尖，基部楔形下延，表面粗糙。圆锥花序顶生；花有香气。核果球形。花期8月，果期10月。

分布习性　原产缅甸、泰国、印度和印度尼西亚、老挝等地。我国云南、广东、广西、福建、台湾等地普遍引种。性喜光；喜深厚、湿润、肥沃、排水良好的土壤。

繁殖栽培　采用播种繁殖育苗。

园林用途　主干通直，树冠齐整，叶硕光亮，珍贵罕见，适作行道树、社区庭院绿化、公共园林绿地点缀，具良好的景观效果。

	2
1	3

1. 枝叶
2. 花序
3. 在公共绿地中的景观

榆 树

Ulmus pumila

榆科榆属

形态特征 落叶乔木，高达25m；幼树树皮平滑，灰褐色或浅灰色，大树之皮暗灰色，不规则深纵裂，粗糙；冬芽近球形或卵圆形。叶椭圆状卵形、长卵形、椭圆状披针形或卵状披针形。花先叶开放，在去年生枝的叶腋成簇生状。翅果近圆形，稀倒卵状圆形。花果期3～6月。

分布习性 分布于我国东北、华北、西北及西南各地。朝鲜、俄罗斯、蒙古也有分布。性喜光，耐寒，抗旱，能适应干凉气候，不耐水湿，但能耐干旱、瘠薄和盐碱土。

繁殖栽培 主要用播种和分株繁殖。苗期管理要注意经常修剪侧枝，以促其主干向上生长，并保持树干通直。

园林用途 树干通直，树型高大，绿荫较浓，适应性强，生长快，是城市绿化的重要树种，适作行道树、庭荫树等；还可制作盆景。

同属植物 榔榆 *Ulmus parvifolia*，落叶乔木，或冬季叶变为黄色或红色宿存至第二年新叶开放后脱落，高达25m；树冠广圆形，树干基部有时成板状根。叶质地厚，披针状卵形或窄椭圆形，稀卵形或倒卵形；花秋季开放，3～6数在叶腋簇生或排成簇状聚伞花序。花果期8～10月。

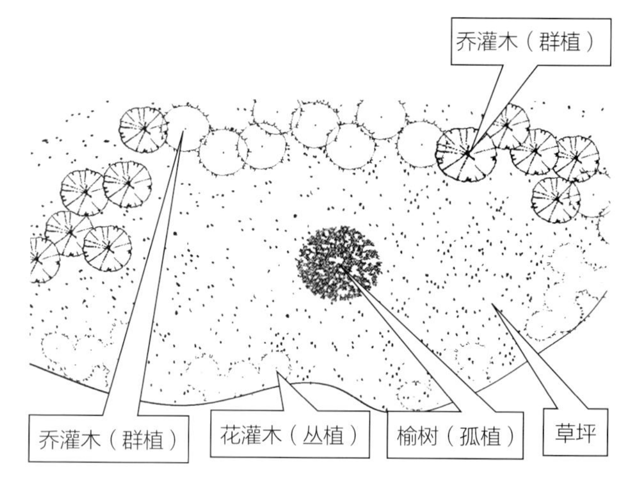

1. 树冠圆满的榆树
2. 高大的榆树在绿地中挺拔秀丽

樟

Cinnamomum camphora

樟科樟属

形态特征 常绿大乔木，高可达30m，直径可达3m，树冠广卵形；枝、叶及木材均有樟脑气味；顶芽广卵形或圆球形，鳞片宽卵形或近圆形，外面略被绢状毛。叶互生，卵状椭圆形，先端急尖，基部宽楔形至近圆形，边缘全缘。圆锥花序腋生，花绿白或带黄色；果卵球形或近球形，紫黑色。花期4～5月，果期8～11月。

分布习性 分布于我国南方及西南各地。越南、朝鲜、日本也有分布。常生于山坡或沟谷中；性喜光，稍耐阴；喜温暖湿润气候，耐寒性不强，对土壤要求不严，较耐水湿；不耐干旱、瘠薄和盐碱土。

繁殖栽培 用种子繁殖，随采随播。每年10～12月采下成熟的种子沙藏，翌年3月可催芽播种。培育的大苗应经过移植，尽量采用假植的苗木，假植促其长出新根，这样在栽植中比较容易成活。

园林用途 枝叶茂密，冠大荫浓，树姿雄伟，能吸烟滞尘、涵养水源、固土防沙和美化环境，是城市绿化的优良树种，广泛作为庭荫树、行道树、防护林及风景林。 配植池畔、水边、山坡等。在草地中丛植、群植、孤植或作为背景树。

同属植物 大叶樟 *Cinnamomum parthenoxylon*，常绿乔木，树冠广卵形；树皮黄褐色或灰褐色；叶互生，薄革质，卵形或卵状椭圆形，全缘；果近卵圆形或近球形，熟时紫黑色。花期4～5月，果8～11月成熟。

云南樟 *Cinnamomum glanduliferum*，常绿乔木，高5～15（20)m，树皮灰褐色；叶互生，叶形变化很大，椭圆形至卵状椭圆形或披针形；圆锥花序腋生，均比叶短，花小，淡黄色；果球形，黑色。花期3～5月，果期7～9月。

1	2
3	
4	

1. 大叶樟枝叶
2. 樟树散植于街头
3. 大叶樟行道树
4. 植于路旁形成良好的荫凉地

竹 柏

Podocarpus nagi

罗汉松科竹柏属

形态特征 常绿乔木，高达20m；树皮近于平滑，红褐色或暗紫红色，成小块薄片脱落；枝条开展或伸展，树冠广圆锥形。叶对生，革质，长卵形、卵状披针形或披针状椭圆形。雄球花穗状圆柱形，单生叶腋，常呈分枝状。种子圆球形。花期3～4月，种子10月成熟。

分布习性 分布于我国浙江、福建、江西、湖南、广东、广西、四川。日本也有分布。

繁殖栽培 采用播种和扦插繁殖育苗。

园林用途 树形美观，枝叶青翠且具光泽，是良好的庭荫树和行道树，亦是城镇四旁绿化的优秀树种。

1		4
2	3	

1. 林地中的竹柏
2. 竹柏在路旁丛植
3. 竹柏果枝
4. 竹柏在路旁的景观

梓

Catalpa ovata

紫葳科梓属

形态特征 落叶乔木，高达15m；树冠伞形，主干通直，嫩枝具稀疏柔毛。叶对生或近于对生，有时轮生，阔卵形，长宽近相等，顶端渐尖，基部心形，全缘或浅波状，常3浅裂。顶生圆锥花序；花序梗微被疏毛；花萼蕾时圆球形；花冠钟状，淡黄色，内面具2黄色条纹及紫色斑点，花丝插生于花冠筒上，花药叉开；种子长椭圆形，两端具有平展的长毛。

分布习性 原产于我国长江流域及以北地区。日本也有分布。生长在海拔（500）1900～2500m。性喜光，稍耐阴，耐寒，适生于温带地区，在暖热气候下生长不良。深根性，喜深厚肥沃、湿润土壤，不耐干旱和瘠薄，能耐轻盐碱土。抗污染性较强。

繁殖栽培 用种子繁殖。将种子混合于草木灰内，匀撒沟里，上盖草木灰或细土，并盖草，至发芽时揭去。培育1年即可移栽。在冬季落叶后至早春发芽前挖起幼苗，将根部稍加修剪后进行栽植。

园林用途 树体端正优美，冠幅开展，叶大荫浓，春夏黄花满树，秋冬荚果悬挂，是具有一定观赏价值的树种。可作行道树、庭荫树以及工厂绿化树种。

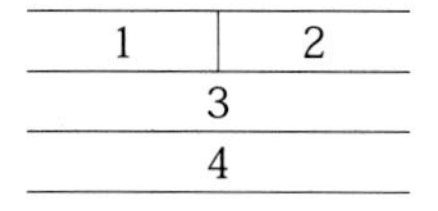

1. 果序
2. 花序
3. 点缀草地
4. 列植路旁

参考文献 References

〔1〕中国科学院植物研究所主编.中国高等植物图鉴［M］.北京：科学出版社，1972～1976.

〔2〕中国科学院中国植物志编委会.中国植物志［M］.北京：科学出版社，1979～2004.

〔3〕陈封怀.广东植物志［M］.广州：广东科学技术出版社，1987～1995.

〔4〕侯宽昭.广州植物志［M］.北京：科学出版社，1956.

〔5〕深圳仙湖植物园.深圳园林植物［M］.北京：中国林业出版社，1998.

中文名称索引

E

F

G

H

J

K

L

拉丁学名索引

A

B

C

R

S

T

U

V

X